消防给水系统工程造价实训

主　编　石　焱　孙　宇
副主编　刘　影　李晓东
参　编　张宗云　刘　健
主　审　苏德权

哈爾濱工業大學出版社

图书在版编目(CIP)数据

消防给水系统工程造价实训/石焱,孙宇主编.
哈尔滨:哈尔滨工业大学出版社,2025.3.—ISBN
978-7-5767-1797-6

Ⅰ.TU998.13

中国国家版本馆 CIP 数据核字第 2024922HJ8 号

策划编辑　闻　竹　常　雨
责任编辑　王　丹　左仕琦
封面设计　童越图文
出版发行　哈尔滨工业大学出版社
社　　址　哈尔滨市南岗区复华四道街 10 号　邮编 150006
传　　真　0451-86414749
网　　址　http://hitpress.hit.edu.cn
印　　刷　哈尔滨午阳印刷有限公司
开　　本　787 mm×1 092 mm　1/16　印张 11.5　字数 254 千字
版　　次　2025 年 3 月第 1 版　2025 年 3 月第 1 次印刷
书　　号　ISBN 978-7-5767-1797-6
定　　价　88.00 元

前　言

本书是一本以现行国家及企业标准为依据，基于编者多年工程造价行业工作经验总结，依照“建筑设备工程技术”与“供热通风与空调工程技术”专业教学标准、人才培养要求而编写的活页式教材。

本书满足国家职业技能标准的基本要求和工作要求，体现了专业教学标准中的培养目标、培养规格、专业核心课程主要教学内容和校内实训基地基本要求，对接了“1+X”职业技能等级标准中的知识和技能要求，注重技术技能、职业素养培养；注重培养团队精神、解决问题的能力；从多维度、多方位打造具有工程实践能力、创新能力、国际竞争力的工程造价行业高素质、高技能复合型人才。

本书以消火栓给水工程、自动喷淋灭火系统工程的真实项目作为载体，分解典型工作任务，以“工作过程”为主线展开，是国家级在线精品课程“建筑水电工程预算”教学需要的配套教材之一。本书共设置了五个项目，将教学内容模块化，每个模块的设置注重符合读者认知规律，由浅入深、层层深入，旨在帮助读者掌握消防给水系统工程造价必备知识、技能。

本书由黑龙江建筑职业技术学院石焱编写项目3、项目4，黑龙江建筑职业技术学院孙宇编写项目1，黑龙江建筑职业技术学院刘影、李晓东编写项目2，哈尔滨物业供热集团有限责任公司公有房产经营管理中心刘健编写项目5的任务1，黑龙江建筑职业技术学院张宗云编写项目5的任务2；黑龙江建筑职业技术学院苏德权教授担任主审。全书由石焱负责统稿。

由于编者水平有限，书中难免会有不妥或疏漏之处，敬请读者批评指正！

编者

2025年1月

目　　录

项目 1　工程造价基础知识

任务 1　工程造价的含义与构成

学习目标

1.掌握工程造价的含义与构成；

2.掌握建设项目总投资架构及固定资产投资构成。

素质目标

深化专业认知度，提升职业认同感。

学习要点

1.了解建设项目各组成部分之间的关系及界线；

2.提升规范准确地对建设项目进行划分的技能。

知识点链接

一、工程造价含义

工程造价是指工程项目在建设期预计或实际支出的费用，所处的角度不同，工程造价的含义也有所不同。

工程造价的第一种含义：建设一项工程预期开支或实际开支的全部固定资产投资费用。这种定义是从投资者（业主）的角度出发，强调的是“费用”的概念。

工程造价的第二种含义：工程价格，即为建成一项工程，预计或实际在工程承发包交易活动中所形成的建筑安装工程价格或建设工程总价格。这种定义是从市场交易的角度来分析的，被认定为工程承发包价格。

上述两种含义既统一，又有区别，最主要的区别在于需求主体和供给主体在市场追求的经济利益不同。

二、建设项目总投资

建设项目总投资是指为完成工程项目建设并达到使用要求或生产条件，在建设期内预计或实际投入的总费用，包括固定资产投资(或工程造价)和流动资产投资(或流动资金)两部分。建设项目总投资构成如图 1.1 所示。

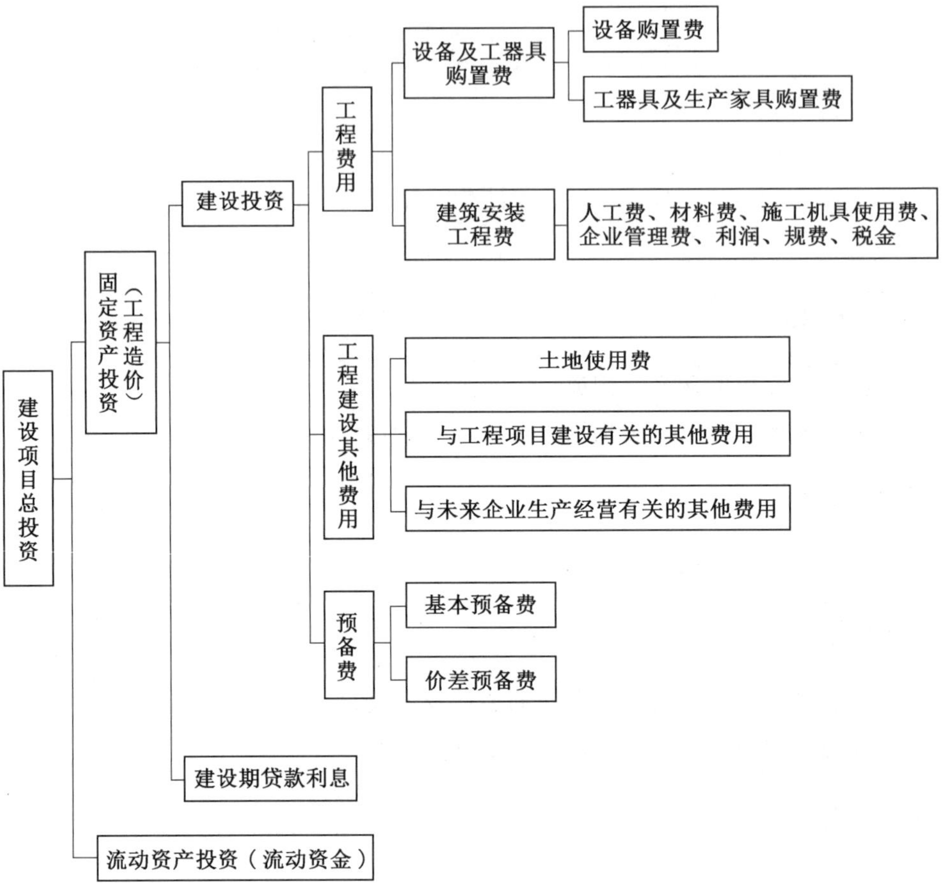

图 1.1　建设项目总投资构成

三、工程造价构成

我国现行的工程造价费用主要由建设投资、建设期贷款利息两部分构成;其中建设投资包括设备及工器具购置费、建筑安装工程费、工程建设其他费用、预备费。工程造价构成如表 1.1 所示。

(一)设备及工器具购置费

1. 设备购置费

设备购置费是指为建设项目购置或自制的达到固定资产标准的各种国产或进口设备、工具、器具的购置费用。它由设备原价和设备运杂费构成。

$$设备购置费=设备原价+设备运杂费 \tag{1.1}$$

式中，设备原价是指国产设备或进口设备的原价;设备运杂费是指除设备原价外的设备采购、运输、途中包装及仓库保管等方面支出费用的总和。

表1.1 工程造价构成

项目名称	费用名称		构成要素
工程造价	建设投资	设备及工器具购置费	1.设备购置费 2.工器具及生产家具购置费
		建筑安装工程费	1.人工费 2.材料费 3.施工机具使用费 4.企业管理费 5.利润 6.规费 7.税金
		工程建设其他费用	1.土地使用费 2.与工程项目建设有关的其他费用 3.与未来企业生产经营有关的其他费用
		预备费	1.基本预备费 2.价差预备费
	建设期贷款利息		

(1)国产设备原价。

国产设备按照生产标准和设计制造依据分为标准设备和非标准设备两种。

标准设备原价是指设备制造厂的交货价,即出厂价。

非标准设备是指国家尚无定型标准,设备制造厂无法批量生产,只能根据具体的设计图样按订单制造的设备。非标准设备原价的计算方法有很多,如成本计算估价法、系列设备插入估价法、分部组合估价法、定额估价法等。

(2)进口设备原价。

进口设备原价是指进口设备的抵岸价,即抵达买方边境港口或边境车站,且缴纳完关税等税费后形成的价格。进口设备抵岸价的构成与进口设备的交货类别有关。进口设备的交货类别分为内陆交货类、目的地交货类、装运港交货类。

装运港交货类(即卖方在出口国装运港交货)主要采用装运港船上交货价(FOB),习惯称离岸价,是我国进口设备采用最多的一种货价。

进口设备到岸价(CIF)是指抵达买方边境港口或边境车站的价格。

进口设备抵岸价的构成如下:

进口设备抵岸价(进口设备原价)=离岸价+国际运费+运输保险费+银行财务费+外贸手续费+关税+增值税+消费税+海关监管手续费(减免进口税或实行保税时计算)+车辆购置附加费　　(1.2)

式中，

$$\text{国际运费}=\text{离岸价}\times\text{运费率}$$

或

$$\text{国际运费}=\text{运量}\times\text{单位运价} \tag{1.3}$$

$$\text{运输保险费}=\frac{\text{离岸价}+\text{国际运费}}{1-\text{保险费费率}}\times\text{保险费费率} \tag{1.4}$$

$$\text{进口设备到岸价}=\text{离岸价}+\text{国际运费}+\text{运输保险费} \tag{1.5}$$

$$\text{银行财务费}=\text{离岸价}\times\text{人民币外汇汇率}\times\text{银行财务费费率} \tag{1.6}$$

$$\text{外贸手续费}=\text{进口设备到岸价}\times\text{人民币外汇汇率}\times\text{外贸手续费费率} \tag{1.7}$$

$$\text{关税}=\text{进口设备到岸价}\times\text{人民币外汇汇率}\times\text{进口关税税率} \tag{1.8}$$

$$\text{消费税}=\frac{\text{进口设备到岸价}\times\text{人民币外汇汇率}+\text{关税}}{1-\text{消费税税率}}\times\text{消费税税率} \tag{1.9}$$

$$\text{增值税}=\text{组成计税价格}\times\text{增值税税率}$$

$$\text{组成计税价格}=\text{进口设备到岸价}+\text{关税}+\text{消费税} \tag{1.10}$$

$$\text{海关监管手续费}=\text{进口设备到岸价}\times\text{海关监管手续费费率} \tag{1.11}$$

$$\text{车辆购置附加费}=(\text{进口设备到岸价}+\text{关税}+\text{消费税})\times\text{车辆购置附加费费率} \tag{1.12}$$

(3)设备运杂费。

设备运杂费通常由下列各项构成。

①运费和装卸费:国产设备由设备制造厂交货地点起至工地仓库(或施工组织设计指定的需要安装设备的堆放地点)止所发生的运费和装卸费;进口设备则由我国到岸港口或边境车站起至工地仓库(或施工组织设计指定的需要安装设备的堆放地点)止所发生的运费和装卸费。

②包装费:在设备原价中没有包含的,为运输而进行包装所发生的各种费用。

③设备供销部门的手续费:按有关部门规定的统一费率计算。

④采购与仓库保管费:采购、验收、保管和收发设备所发生的各种费用,包括设备采购人员、保管人员和管理人员的工资、工资附加费、办公费、差旅交通费,设备供应部门办公和仓库所占固定资产使用费、工具用具使用费、劳动保护费、检验试验费等。这些费用可按主管部门规定的采购与保管费费率计算。

设备运杂费的计算公式为

$$\text{设备运杂费}=\text{设备原价}\times\text{设备运杂费率} \tag{1.13}$$

式中,设备运杂费率按各部门及省、市等的规定计取。

2.工器具及生产家具购置费

工器具及生产家具购置费是指新建或扩建项目为保证初期正常生产必须购置的没有达到固定资产标准的设备、仪器、工卡模具、器具、生产家具和备品备件等的购置费用。一般以设备购置费为计算基数,按照部门或行业规定的定额费率计算,计算公式为

$$\text{工器具及生产家具购置费}=\text{设备购置费}\times\text{定额费率} \tag{1.14}$$

(二)建筑安装工程费

1.人工费

人工费是指支付给从事建筑安装工程施工的生产工人和附属生产单位工人的各项费用。其基本要素有两个,即人工工日消耗量和人工日工资单价。

人工费的基本计算公式为

$$人工费=\sum(人工工日消耗量\times人工日工资单价) \tag{1.15}$$

(1)人工工日消耗量。

人工工日消耗量是指在正常施工生产条件下,生产单位假定建筑安装产品(分部分项工程或结构构件)必须消耗的某种技术等级的人工工日数量。

(2)人工日工资单价。

人工日工资单价包括生产工人基本工资、工资性补贴、生产工人辅助工资、职工福利费及生产工人劳动保护费。

2.材料费

材料费是指施工过程中耗费的原材料、辅助材料、构配件、零件、半成品或成品、工程设备的费用。

$$材料费=\sum(材料消耗量\times材料单价) \tag{1.16}$$

当采用一般计税方法时,材料单价需扣除增值税进项税额。

(1)材料消耗量。

材料消耗量是指在正常施工生产条件下,完成规定计量单位的建筑安装产品所消耗的各类材料的净用量和不可避免的损耗量。

(2)材料单价。

材料单价是指建筑材料从其来源地运到施工工地仓库直至出库的价格,由材料原价、运杂费、运输损耗费、采购及保管费组成。

3.施工机具使用费

施工机具使用费是指施工作业所发生的施工机械、仪器仪表使用费或其租赁费。

$$施工机械使用费=\sum(施工机械台班消耗量\times机械台班单价) \tag{1.17}$$

$$仪器仪表使用费=\sum(施工仪器仪表消耗量\times仪器仪表台班单价) \tag{1.18}$$

(1)施工机械台班消耗量。

施工机械台班消耗量是指在正常施工条件下,生产单位假定建筑安装产品必须消耗的某类某种型号施工机械的台班数量。

(2)机械台班单价。

机械台班单价由折旧费、大修理费、经常修理费、安拆费及场外运费、台班人工费、燃料动力费、养路费及车船使用税等7项费用组成。

(3)施工仪器仪表消耗量。

施工仪器仪表消耗量是指在正常施工条件下,生产单位假定建筑安装产品必须消耗的某类某种型号仪器仪表的台班数量。

(4)仪器仪表台班单价。

仪器仪表台班单价是指每工作一个台班所需使用的仪器仪表的摊销及维修费用,由折旧费、维护费、检验费及动力费等4项费用组成。

4.企业管理费

企业管理费是指建筑安装企业组织施工生产和经营管理所需的费用,包括管理人员工资、办公费、差旅交通费、固定资产使用费、工具用具使用费、劳动保险和职工福利费、劳动保护费、检验试验费、工会经费、职工教育经费、财产保险费、财务费、税金、城市维护建设税、教育费附加、地方教育附加等。

5.利润

利润是指施工企业完成所承包工程获得的盈利。

6.规费

规费是指按国家法律、法规规定,由省级政府和省级有关权力部门规定必须缴纳或计取的费用,包括社会保险费、住房公积金等。

7.税金

税金是指国家税法规定应计入建筑安装工程造价内的增值税销项税额。

(三)工程建设其他费用

工程建设其他费用是指从工程筹建开始到工程竣工验收,交付使用为止的整个建设期间,除建筑安装工程费和设备及工器具购置费以外的,为保证工程建设顺利完成和交付使用后能够正常发挥效用而发生的各项费用。

工程建设其他费用按内容大致可以划分为以下3类。

1.土地使用费

土地使用费包括土地征用及拆迁补偿与临时安置补助费、土地使用权出让金与转让金等。

2.与工程项目建设有关的其他费用

与工程项目建设有关的其他费用包括建设单位管理费、勘察设计费、研究试验费、建设单位临时设施费、工程监理费、工程招标代理服务费、工程造价咨询服务费、工程保险费、引进技术和进口设备费用、工程承包费等。

3.与未来企业生产经营有关的其他费用

与未来企业生产经营有关的其他费用包括联合试运转费、生产准备费、办公和生活家具购置费。

(四)预备费

预备费是指考虑建设期可能发生的风险因素而导致增加的建设费用,包括基本预备费和价差预备费。

1.基本预备费

基本预备费是指在初步设计及概算内难以预料的工程费用,主要包括以下3个方面。

(1)在批准的初步设计范围内,技术设计、施工图设计及施工过程中所增加的工程费用,设计变更、局部地基处理等增加的费用。

(2)一般自然灾害造成的损失和预防自然灾害所采取的措施费用。对实行工程保险的工程项目,该费用应适当降低。

(3)竣工验收时为鉴定工程质量对隐蔽工程进行必要的挖掘和修复费用。

基本预备费的具体计算公式为

基本预备费=(设备及工器具购置费+建筑安装工程费+工程建设其他费用)×基本预备费费率 (1.19)

式中,基本预备费费率的取值应执行国家级部门的有关规定。

2.价差预备费

价差预备费是指建设项目在建设期内由于价格等变化引起工程造价变化的预测预留费用。

价差预备费的计算公式为

$$I_t = P_t \times [(1+i)^{m+t-0.5} - 1] \tag{1.20}$$

式中 I_t——第 t 年价差预备费;

P_t——第 t 年的静态投资;

i——价格指数;

m——建设前期年限(即从编制估算到开工建设的年限);

t——建设期第 t 年。

(五)建设期贷款利息

建设期贷款利息是指工程项目在建设期间发生并计入固定资产的利息,包括向国内银行和其他非银行金融机构贷款、出口信贷、外国政府贷款、国际商业银行贷款,以及在境内外发行的债券等在建设期间应偿还的借款利息。根据我国现行规定,在建设项目的建设期内只计息不还款。

当总贷款是分年均衡发放时,建设期利息的计算可按当年借款在年中支用考虑,即当年贷款按半年计算,上年贷款按全年计算。建设期贷款利息的计算公式为

$$q_j = (P_{j-1} + \frac{1}{2}A_j) \times i \tag{1.21}$$

式中 q_j——建设期第 j 年应计利息;

P_{j-1}——建设期第 $j-1$ 年末借款本息和;

A_j——建设期第 j 年贷款金额;

i——年利率。

四、建筑安装工程费的构成

建筑安装工程费的构成有两种划分方式,分别是按费用构成要素划分和按工程造价形成顺序划分。

(一)按费用构成要素划分

建筑安装工程费按照费用构成要素划分,由人工费、材料(包含工程设备)费、施工机具使用费、企业管理费、利润、规费和税金组成。建筑安装工程费按费用构成要素划分如图1.2所示。

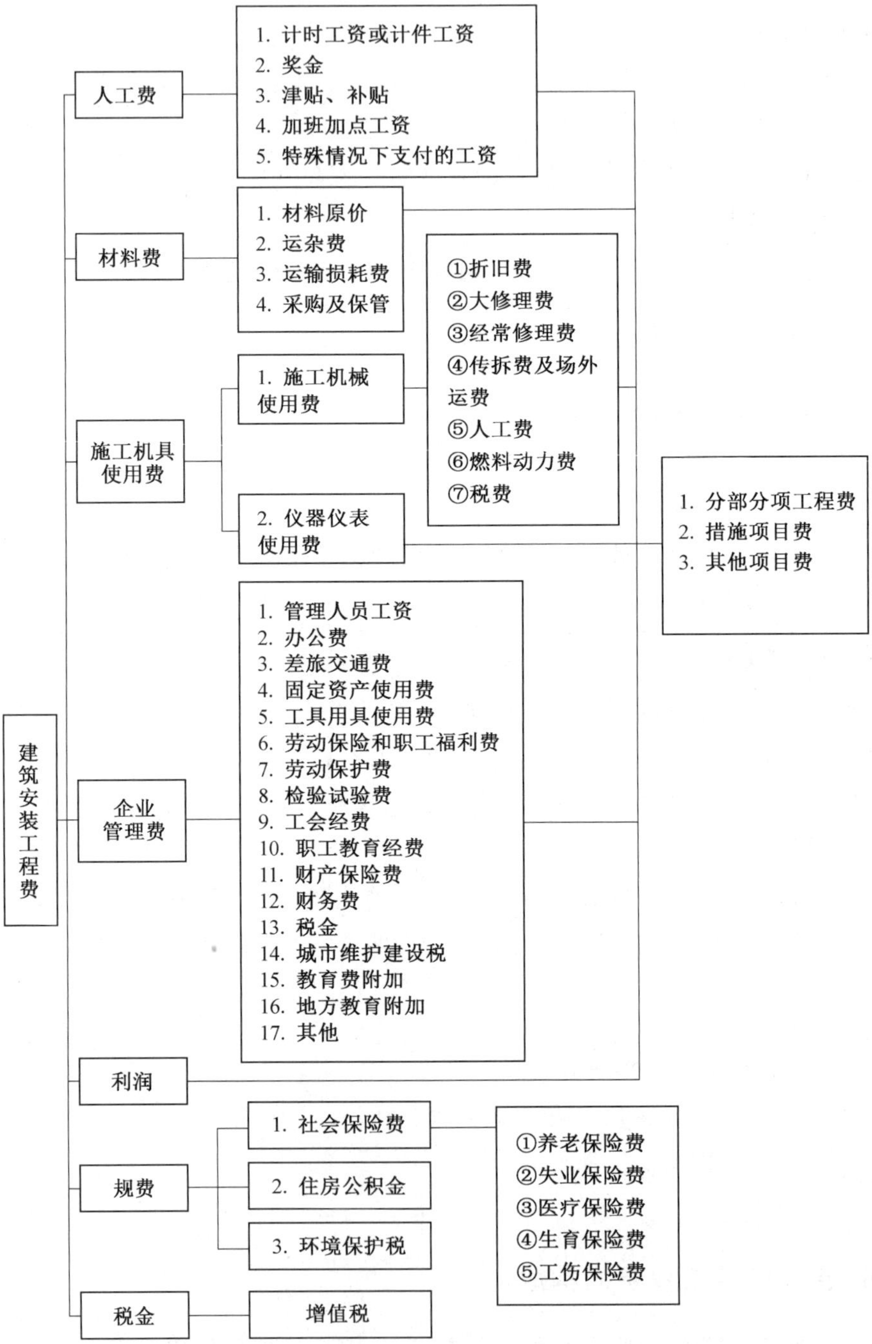

图 1.2　建筑安装工程费按费用构成要素划分

(二)按工程造价形成顺序划分

建筑安装工程费按照工程造价形成顺序划分,由分部分项工程费、措施项目费、其他项目费、规费和税金组成。分部分项工程费、措施项目费、其他项目费包含人工费、材料费、施工机具使用费、企业管理费和利润。建筑安装工程费按工程造价形成顺序划分如图 1.3 所示。

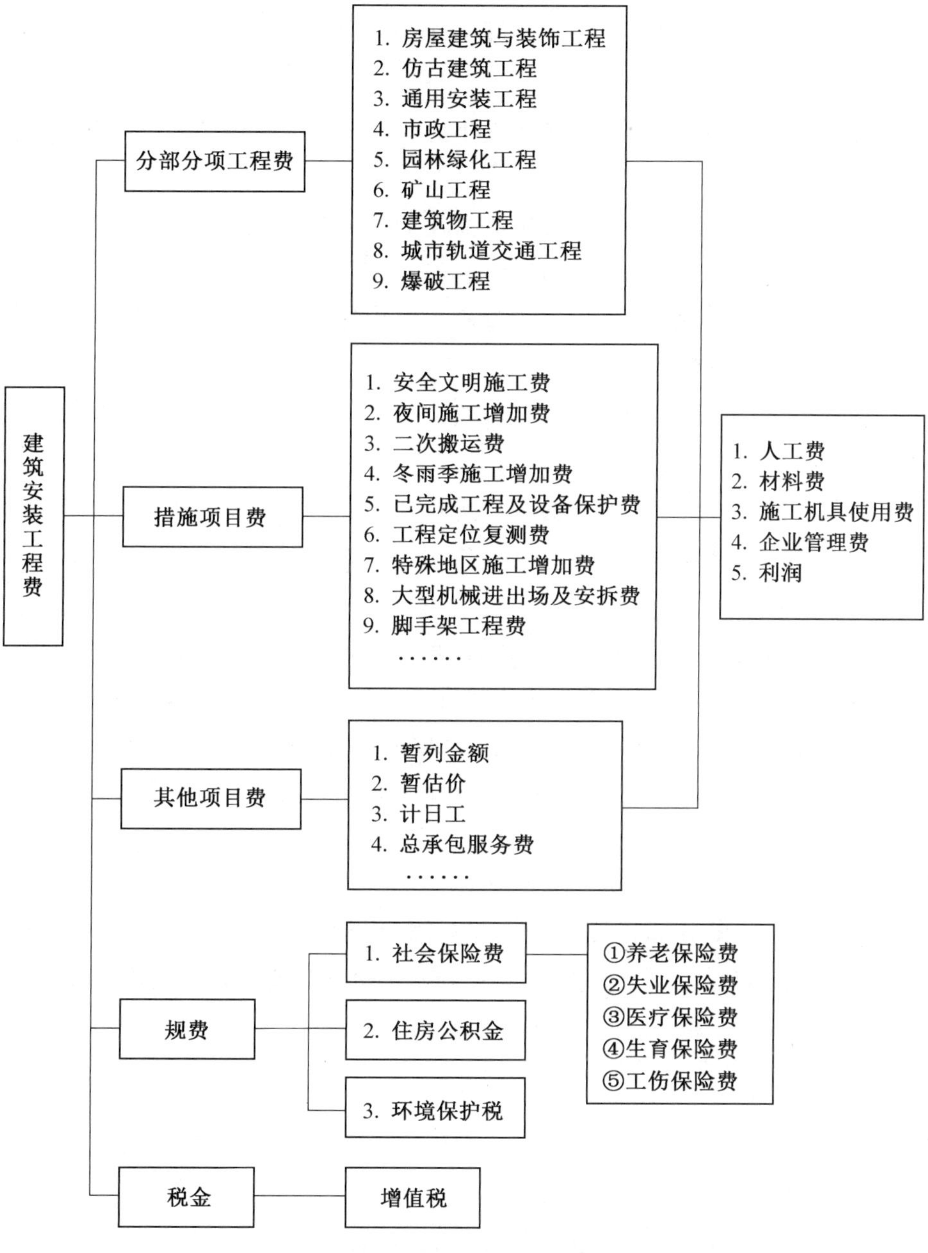

图 1.3 建筑安装工程费按工程造价形成顺序划分

1. 分部分项工程费

分部分项工程费是指各专业工程的分部分项工程应予列支的各项费用。各类专业工程的分部分项工程划分见现行国家或行业计量规范。

2. 措施项目费

措施项目费是指为完成建设工程施工，发生于该工程施工前和施工过程中的技术、生活、安全、环境保护等方面的费用。措施项目费主要包括以下内容。

(1)安全文明施工费：包括环境保护费、文明施工费、安全施工费、临时设施费等，不得作为竞争性费用。

(2)夜间施工增加费：因夜间施工所发生的夜班补助费、夜间施工降效、夜间施工照明设备摊销及照明用电等费用。

(3)二次搬运费：因施工场地条件限制而发生的材料、构配件、半成品等一次运输不能到达堆放地点，必须进行二次或多次搬运所发生的费用。

(4)冬雨季施工增加费：在冬季或雨季施工需增加的临时设施、防滑、排除雨雪，人工及施工机械效率降低等费用。

(5)已完成工程及设备保护费：竣工验收前，对已完成工程及设备采取的必要保护措施发生的费用。

(6)工程定位复测费：工程施工过程中进行全部施工测量放线和复测工作的费用。

(7)特殊地区施工增加费：工程在沙漠或其边缘地区、高海拔、高寒、原始森林等特殊地区施工增加的费用。

(8)大型机械设备进出场及安拆费：机械整体或分体自停放场地运至施工现场或一个施工地点运至另一个施工地点，所发生的机械进出场运输及转移费用，以及机械在施工现进行安装、拆卸所需的人工费、材料费、机械费、试运转费和安装所需的辅助设施的费用。

(9)脚手架工程费：施工需要的各种脚手架搭、拆、运输费用，以及脚手架购置费或租赁费用。

3. 其他项目费

其他项目费是指除分部分项工程费、措施项目费以外，由招标人承担的与建设工程有关的其他费用，包括暂列金额、暂估价(包括材料暂估价和专业工程暂估价)、计日工、总承包服务费等。

课后练习

一、填一填

1. 建设项目总投资中的固定资产投资部分通常称为________。

2. 固定资产投资分为________和________两部分。

3. 规费包含________、________、________等。

4. 基本预备费是指在________内难以预料的工程费用。

5. 竣工验收时为鉴定工程质量对隐蔽工程进行必要的挖掘和修复费用属于________。

6. 从投资者(业主)的角度出发,工程造价是指建设一项工程预期开支或实际开支的全部固定资产投资费用,强调的是________的概念。

7. 工器具及生产家具购置费是指新建或扩建项目为保证初期正常生产必须购置的________达到固定资产标准的设备、仪器、工卡模具、器具、生产家具和备品备件等的购置费用。

8. 人工费是指支付给从事建筑安装工程施工的生产工人和附属生产单位工人的各项费用。其基本要素有两个,即________和________。

9. 材料费是指施工过程中耗费的________、________、构配件、零件、半成品或成品、工程设备的费用。

10. 获取土地使用权可以通过两种渠道实现:________和________。

二、选一选

1. 流动资金在(　　)可根据需要计为铺底流动资金。

A. 可行性研究及以后阶段

B. 初步设计及以后阶段

C. 施工图设计及以后阶段

D. 投资决策及以后阶段

2. 下列组成建设工程项目总投资的费用中,属于工程费用的是(　　)。

A. 勘察设计费用

B. 建设期利息

C. 建设用地费

D. 建设工程项目的设备购置费

3. 下列费用中,属于企业管理费的是(　　)。

A. 企业管理人员的工资

B. 职工福利费

C. 职工教育经费

D. 教育费附加

4. 仪器仪表使用费包含在(　　)中。

A. 生产家具购置费

B. 办公和生活家具购置费

C. 施工机具使用费

D. 检验实验费

5. 按一般计税方法计取费用时,税金按(　　)计算。

A. 营业税

B. 印花税

C. 城市维护建设税

D. 增值税

三、做一做

已知：某建设项目静态投资 10 000 万元，项目建设前期年限为 1 年，建设期为 2 年，第 1 年投资 4 000 万元，第 2 年投资 6 000 万元，年平均上涨率为 6%。

求：该项目第 2 年的价差预备费估算为多少万元？2 年共多少万元？

拓展训练

历年（助理）造价工程师考试真题训练

1.【2023 真题】当采用一般计税方法时，材料单价（　　）。

A. 需扣除增值税进项税额

B. 不需扣除增值税进项税额

C. 需扣除增值税销项税额

D. 不需扣除增值税销项税额

2.【2023 真题】当采用简易计税方法时，建筑业增值税税率为（　　）。

A. 11%

B. 10%

C. 9%

D. 3%

3.【2023 真题】生产性项目的总造价与总投资在数量上的关系是（　　）。

A. 总造价＞总投资

B. 总造价＜总投资

C. 总造价＝总投资

D. 总造价可能大于、小于或等于总投资

4.【2023 真题】属于研究试验费的有(　　)。

A. 新产品试制费、中间试验费和重要科学研究补助费

B. 施工企业对建筑材料、构件和建筑物进行一般鉴定、检查所发生的费用及技术革新的研究试验费

C. 勘察设计费或工程费用中开支的项目

D. 为建设项目提供和验证设计数据、资料等进行试验及验证的费用

5.【2023 真题】下列不属于施工机械使用费的是(　　)。

A. 折旧费

B. 检修费

C. 安拆费

D. 校验费

6.【2023 真题】进口环节增值税额应以(　　)为基数乘增值税税率计算。

A. 离岸价

B. 到岸价

C. 抵岸价

D. 组成计税价格

7.【2023 真题】下列不属于与项目建设有关的其他费用的是(　　)。

A. 勘察费

B. 工程保险费

C. 建设用地费

D. 专项评价费

8.【2023 真题】联合试运转费是指按照设计规定的工程质量标准，进行整个生产线的负荷联合试运转所发生的(　　)。

A. 试运转支出

B. 试运转收入

C. 试运转支出大于收入的亏损部分费用

D. 施工单位参加试运转人员的工资

9.【2023 真题】某新建项目建设期 1 年，贷款 300 万元，年利率为 6%，按年内均衡发放，贷款本息均在项目投产后偿还，则该项目的贷款利息是(　　)万元。

A. 36

B. 24

C. 18

D. 9

10.【2023 真题】价差预备费以(　　)年份价格水平的投资额为基数,采用复利方法计算。

A. 编制

B. 施工

C. 估算

D. 决策

11.【2023 真题】下列属于设备运杂费的有(　　)。

A. 设备采购人员的工资以及附加费

B. 在施工现场卸车并运至工地仓库所产生的费用

C. 采购设备所产生的费用

D. 仓库保管员的差旅交通费

E. 进口设备在出口国内陆运输费

12.【2023 真题】下列属于社会保险费的有(　　)。

A. 养老保险费

B. 住房公积金

C. 失业保险费

D. 医疗保险费

E. 危险作业意外伤害保险费

13.【2023 真题】按照国家或省级、行业建设主管部门的规定,(　　)不得作为竞争性费用。

A. 企业管理费

B. 规费

C. 利润

D. 安全文明施工费

E. 总价措施费

14.【2011 真题】某建设工程项目购置的进口设备采用装运港船上交货价,属于买方责任的有(　　)。

A. 租船、支付运费,并将船期、船名通知卖方

B. 按照合同约定在规定的期限内将货物装上船只

C. 办理在目的港的进口和收货手续

D. 接受卖方提供的装运单据并按合同约定支付货款

E. 承担货物装船前的一切费用和风险

15.【2015 真题】某项目拟从国外进口一套设备,重 1 000 t,装运港船上交货价为 300 万

美元，国际运费标准每吨为360美元，海上运输保险费率为0.266%，美元银行外汇牌价为6.1元人民币，则该套设备的运输保险费为(　　)万元。

A. 4.866

B. 4.881

C. 5.452

D. 5.467

16.【2016真题】某建设工程项目的建筑安装工程费为2 000万元，设备及工器具购置费为800万元，工程建设其他费用为300万元，基本预备费费率为8%，该项目的基本预备费为(　　)万元。

A. 160

B. 184

C. 248

D. 224

17.【2020真题】某新建项目，建设期3年，共向银行借款1 300万元，其中第1年借款700万元，第2年借款600万元，借款在各年内均衡使用，年利率为6%。建设期每年计息，但不还本付息，则第3年应计的借款利息为(　　)万元。

A. 0

B. 82.94

C. 85.35

D. 104.52

18.【2015真题】某项目的建筑安装工程费、设备及工器具购置费合计为7 000万元，建设期2年，分期投入4 000万和3 000万。建设期内预计年平均价格总水平上浮率为5%，建设期贷款利息为735万元。工程建设其他费用为400万元。基本预备费费率为10%。流动资金为800万元，则该项目的静态投资为(　　)万元。

A. 8 948.5

B. 8 140

C. 8 940

D. 9 748.5

19.【2017真题】在建设工程项目总投资组成中的基本预备费主要是(　　)。

A. 建设期内材料价格上涨增加的费用

B. 因施工质量不合格返工增加的费用

C. 设计变更增加工程量的费用

D. 因业主方拖欠工程款增加的承包商贷款利息

20.【2013真题】下列工程建设投资中，属于与未来生产经营有关的其他费用的有(　　)。

A. 联合试运转费

B. 建设单位管理费

C. 办公家具购置费

D. 生产家具购置费

E. 生产职工培训费

任务2　工程量清单编制

学习目标

1. 掌握工程量清单的内容、格式及编制方法；

2. 培养独立正确编制工程量清单的能力。

素质目标

树立遵纪守法，有法可依，有法必依的意识。

学习要点

1. 编制工程量清单要规范，项目特征描述要详尽、全面；

2. 清楚工程量清单项目构成的底层逻辑。

知识点链接

一、工程量清单编制概述

(一)工程量清单的内容与格式

工程量清单应以单位(项)工程为单位编制，由分部分项工程项目清单、措施项目清单、其他项目清单和税金项目清单等组成，通常以表格形式体现。

工程量清单应采用《建设工程工程量清单计价标准》(GB/T 50500—2024)规定的统一格式编制。工程量清单格式由招标工程量清单封面、招标工程量清单扉页、总说明、分部分项工程量清单、措施项目清单、其他项目清单、税金项目清单等组成。其具体格式和内容如下。

1. 招标工程量清单封面

招标人需在工程量清单封面上填写拟建工程项目名称、招标人(需单位盖章)、造价咨询人(造价工程师章及注册证号)、编制时间等，如表1.2所示。

表1.2 招标工程量清单封面

______________________工程

招标工程量清单

招　标　人：______________________

（单位盖章）

造价咨询人：______________________

（单位盖章）

年　　月　　日

2. 招标工程量清单扉页

招标人需在招标工程量清单扉页上填写拟建工程名称、招标人(此处需盖公章)、法定代表人、编制人(造价工程师章及注册证号)、复核人(签字盖执业专用章)、编制时间等,如表1.3所示。

表 1.3　招标工程量清单扉页

______________工程

招标工程量清单

招　标　人:______________
(单位盖章)

造价咨询人:______________
(单位资质专用章)

法定代表人
或其授权人:______________
(签字或盖章)

法定代表人
或其授权人:______________
(签字或盖章)

编　制　人:______________
(造价人员签字盖专用章)

复　核　人:______________
(造价工程师签字盖专用章)

编制时间:　　年　　月　　日

复核时间:　　年　　月　　日

3.总说明

工程量清单的总说明主要用于招标人阐明工程的有关基本情况，其具体内容应视拟建项目实际情况而定，包括下列内容，如表1.4所示。

(1)工程概况：包括建设规模、工程特征、计划工期、施工现场实际情况、自然地理条件、环境保护要求等。

(2)工程招标范围：工程招标和专业工程发包范围。

(3)编制依据：工程量清单的编制依据。

(4)工程质量、材料、施工等的特殊要求：《施工及技术规范》中规定的工程质量、材料、施工等的特殊要求。

(5)其他：其他需说明的问题。

表1.4 总说明

工程名称： 标段： 第 页 共 页

工程概况：见《投标须知》 工程招标范围：见《投标须知》 编制依据：见《工程量清单说明及投标报价要求》 工程质量、材料、施工的特殊要求：见《施工及技术规范》 其他：

4.分部分项工程量清单

分部分项工程量清单包括项目编码、项目名称、项目特征描述、计量单位和工程量等要素，主要是将设计图纸规定要实施完成的工程全部内容和任务等列成清单，编制出完整的项目名称及对应的实体工程数量的工程量清单。分部分项工程量清单如表1.5所示。

表1.5 分部分项工程量清单

工程名称： 标段： 第 页 共 页

序号	项目编码	项目名称	项目特征描述	计量单位	工程量	备注

5.措施项目清单

措施项目清单是指列出为完成工程项目施工，发生于该工程施工准备和施工过程中的技术、生活、安全、环境保护等方面的项目的工程量清单，按单价计价方式计价的与表1.5格式相同，按总价计价方式计价的如表 1.6 所示。

表 1.6　措施项目清单

工程名称：　　　　　　　　　　　　标段：　　　　　　　　　　　　第　页　共　页

序号	项目编码	项目名称	备注
		安全文明施工费	
		夜间施工增加费	
		二次搬运费	
		冬雨季施工增加费	
		已完工程及设备保护费	
		……	

6. 其他项目清单

其他项目清单是指列出除分部分项工程量清单和措施项目清单以外，工程项目施工中可能发生的其他费用的工程量清单，如表 1.7 所示。

表 1.7　其他项目清单

工程名称：　　　　　　　　　　　　标段：　　　　　　　　　　　　第　页　共　页

序号	项目名称	备注
1	暂列金额	
2	暂估价	
2.1	材料(工程设备)暂估价	
2.2	专业工程暂估价	
3	计日工	
4	总承包服务费	
5	合同中约定的其他项目	

7. 税金项目清单

增值税应根据政府有关主管部门的规定及《建设工程工程量清单计价标准》第 3.1.6 条、第 3.2.11 条的规定列项，按增值税率计算。

《建设工程工程量清单计价标准》的相关规定如下：

3.1.6 清单项目的税金应填写在增值税中，但其他项目清单中的专业工程暂估价已含增值税，工程量清单的增值税中不应再计取其相应税金。

3.2.11 增值税应以分部分项工程项目清单、措施项目清单、其他项目清单（专业工程暂估价除外）的合计金额作为计算基础，乘以政府主管部门规定的增值税税率计算税金。

（二）分部分项工程工程量清单编制

分部分项工程量清单载明了项目编码、项目名称、项目特征、计量单位和工程量。

1. 项目编码

《建设工程工程量清单计价标准》(以下简称《计价标准》)对应每一个分部分项工程量清单项目均给定一个编码。分部分项工程量清单的项目编码以五级编码设置,用12位阿拉伯数字表示,第一、二、三、四级共9位编码应按相应的规定设置,不得随意变动,第10～12位共3位是第五级编码,应根据拟建工程的工程量清单项目名称由工程量清单编制人设置,同一招标工程的项目编码不得重复。下面以项目编码030103001001为例分析五级编码的设置,如图1.4所示。

图1.4 五级编码设置

(1)第一级表示专业工程代码(第1、2位)。

01表示房屋建筑与装饰工程;02表示仿古建筑工程;03表示通用安装工程;04表示市政工程;05表示园林绿化工程;06表示矿山工程;07表示构筑物工程;08表示城市轨道交通工程;09表示爆破工程。

(2)第二级表示附录分类顺序码(第3、4位)。

通用安装工程共设置了12个附录:附录A为机械设备安装工程(编码0301);附录B为热力设备安装工程(编码0302);附录C为静置设备与工艺金属结构制作安装工程(编码0303);附录D为电气设备安装工程(编码0304);附录E为建筑智能化工程(编码0305);附录F为自动化控制仪表安装工程(编码0306);附录G为通风空调工程(编码0307);附录H为工业管道工程(编码0308);附录J为消防工程(编码0309);附录K为给排水、采暖、燃气工程(编码0310);附录L为通信设备及线路工程(编码0311);附录M为刷油、防腐蚀、绝热工程(编码0312)。

(3)第三级表示分部工程顺序码(第5、6位)。

例如,附录A中A.1(编码030101)表示切削设备安装;A.2(编码030102)表示锻压设备安装;A.3(编码030103)表示铸造设备安装。

(4)第四级表示分项工程项目名称顺序码(第7、8、9位)。

例如,附录A中编码030103001表示铸造设备安装中的"砂处理设备"安装项目。

(5)第五级表示清单项目名称顺序码(第10、11、12位)。

清单项目名称顺序码也称自编码。同一招标工程的项目编码不得重复,从001起依次编制。

若出现附录中未包括的项目，编制人应作补充，并报省级或行业工程造价管理机构备案。

补充项目的编码由相应工程计量规范的代码与B和三位阿拉伯数字组成，如通用设备安装工程应从03B001起依次编制。工程量清单中需附有补充项目的名称、项目特征、计量单位、工程量计算规则、工程内容。

2.项目名称

项目一般以形成工程实体命名，并应按规范的项目名称结合拟建工程的实际确定。项目名称如有缺项，招标人可按相应的原则进行补充，并报当地工程造价管理部门备案。

3.项目特征描述

工程量清单的项目特征描述是确定一个清单项目综合单价不可缺少的重要依据，编制时必须对项目特征进行准确和全面的描述。在描述项目特征时应按以下原则进行。

(1)项目特征描述的内容应符合相关规定，结合拟建工程的实际，能满足确定综合单价的需要。

(2)若采用标准图集或施工图纸能够全部或部分满足项目特征描述的要求，项目特征描述可直接采用详见××图集或××图号的方式。对不能满足项目特征描述要求的部分，仍应用文字描述。

具体清单项目设置架构如图1.5。

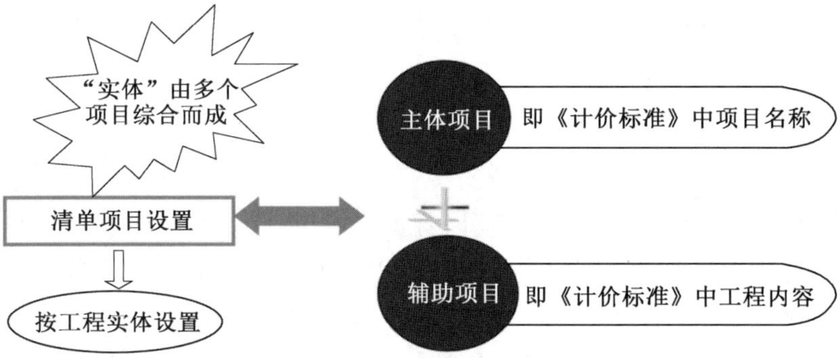

图1.5　清单项目设置架构

4.计量单位

清单项目的工程量计量单位均为基本单位，不得使用扩大单位(如10 m、100 kg等)，这一点与传统定额计价有很大区别。

在《计价标准》附录中有两个或两个以上计量单位的，应结合拟建工程项目的实际情况，确定其中一个为计量单位；同一工程项目的计量单位应一致。

工程计量时每一项目汇总的有效位数应遵守下列规定：

(1)以"t"为单位，应保留小数点后三位数字，第四位小数四舍五入；

(2)以"m""km""m^2""m^3""kg"为单位，应保留小数点后两位数字，第三位小数四舍五入；

(3)以“台”“个”“件”“套”“根”“组”“系统”“室”“部”“支”“座”“点”“箱”“块”“处”“基”“相”“条”“次”“架”“子架”“芯”“副”“张”“口”“盘”“站”“链路”“百线”“端”“端口”“方向·系统”“环·系统”“十线”“载频”“载·扇”“单元”“扇区”“中继段”“数字段”“倒换段”“全电路”“百对”等为单位,应取整数。

5.工程量

工程量应按相关工程国家计量规范规定的工程量计算规则计算填写。清单项目规定的计算规则应以实体工程量为准,是安装后的净尺寸。投标人在投标报价时,应在综合单价组价过程中考虑施工中的各种损耗和需要增加的工程量。

分部分项工程量清单与计价表如表1.8所示。

表1.8 分部分项工程项目清单计价表

工程名称: 标段: 第 页 共 页

序号	项目编码	项目名称	项目特征描述	计量单位	工程量	金额/元	
						综合单价	合价
本页小计							
合计							

(三)措施项目清单编制

措施项目是指为完成工程项目施工,发生于该工程施工准备和施工过程中技术、生活、安全、组织、环境保护等方面的非工程实体项目。措施项目清单计价表如表1.9所示。

表1.9 措施项目清单计价表

工程名称: 标段: 第 页 共 页

序号	项目编码	项目名称	工作内容	价格/元	备注
本页小计					
合计					

(四)其他项目和规费、税金项目清单编制

1. 其他项目清单编制

其他项目是指为完成工程项目施工,除分部分项工程项目和措施项目以外的,因招标人的特殊要求而发生的与拟建安装工程有关的其他费用项目和相应数量的清单。其他项目清单由暂列金额、暂估价(包括材料暂估单价、专业工程暂估价)、计日工、总包服务费组成,由招标人根据工程实际情况估算列出,并可补充,其他项目清单计价表如表1.10所示,其中暂列金额等明细列表如表 1.11～1.14 所示。

表 1.10　其他项目清单计价表

工程名称:　　　　　　　　　　标段:　　　　　　　　　　第　页　共　页

序号	项目名称	金额/元	结算金额/元	备注
1	暂列金额			
2	暂估价			
2.1	材料(工程设备)暂估价			
2.2	专业工程暂估价			
3	计日工			
4	总承包服务费			
5	合同中约定的其他项目			
合计				

注:材料(工程设备)暂估单价计入清单项目综合单价,此处不汇总。

表 1.11　暂列金额明细表

工程名称:　　　　　　　　　　标段:　　　　　　　　　　第　页　共　页

序号	项目名称	计算基础	费率/%	暂定金额/元	确定金额/元	调整金额/元	备注
合计							

注:1. 本表由招标人填写“暂定金额”总额,采用费率计价方式计算暂定金额的,应分别填写“计算基础”“费率”,并计算填写“暂定金额”;采用总价计价方式计算暂定金额的,可直接填写“暂定金额”。

2. 招标人应将上述暂定金额填写并计入投标总价。

3. 结算时应按合同约定计算并填写“确定金额”。

表 1.12 专业工程暂估价明细表

工程名称： 标段： 第 页 共 页

序号	专业工程名称	暂估金额/元			确认金额/元			调整金额(±)/元	备注
		不含税价格	增值税	含税价格	不含税价格	增值税	含税价格		
		A_1	B_1	C_1	A_2	B_2	C_2	$D=C_2-C_1$	
本页小计									
合 计									

注：本表“暂估金额”由招标人填写，投标人应将“暂估金额”填写并计入投标总价。结算时应按合同约定的价格填写“确认金额”。

表 1.13 计日工表

工程名称： 标段： 第 页 共 页

编号	计日工名称	单位	暂定数量	实际数量	综合单价/元	合价/元		调整金额(±)/元
						暂定	实际	
						A_1	A_2	$B=A_2-A_1$
一	人工							
1								
2								
3								
4								
人工小计								
二	材料							
1								
2								
3								
4								
材料小计								
三	施工机具							
1								

续表1.13

编号	计日工名称	单位	暂定数量	实际数量	综合单价/元	合价/元		调整金额(±)/元
						暂定	实际	
						A_1	A_2	$B=A_2-A_1$
2								
3								
4								
施工机具小计								
总计								

注:1. 本表“计日工名称”“暂定数量”应由招标人填写,编制最高投标限价时,单价应由招标人按有关计价规定确定;编制投标报价时,单价应由投标人自主报价,并按“暂定数量”计算合价计入投标总价中。

2. 工程结算时,应按发承包双方确认的实际数量计算合价。

表1.14　总承包服务费计价表

工程名称:　　　　　　　　　　标段:　　　　　　　　　　第　页　共　页

序号	项目名称	计算基础	费率/%	金额/元	确认计算基础	结算金额/元	调整金额(±)/元	备注
		A_1	B	C_1	A_2	C_2	$D=C_2-C_1$	
1	发包人提供材料							
2	专业分包工程							
3	直接发包的专业工程							
合　计		—	—		—			—

注:1. 本表“项目名称”、服务内容应由招标人填写。

2. 编制最高投标限价及投标报价时,采用费率计价方式计算总承包服务费的,应分别填写“计算基础 A_1”“费率 B”,并计算填写“金额 C_1”,$C_2=A_1\times B$;采用总价计价方式计算总承包服务费的,可直接填写“金额 C_1”。

3. 编制结算时,采用费率计价方式计算总承包服务费的,应填写“确认计算基础 A_2”,并计算填写“结算金额 C_2”,$C_2=A_2\times B$;采用总价计价方式计算总承包服务费的,可直接填写“结算金额 C_2”。

2.税金项目清单编制

税金是指国家税法规定应计入建筑安装工程造价内的增值税。增值税计价表如表1.15所示。

表1.15 增值税计价表

工程名称： 标段： 第 页 共 页

序号	项目名称	计算基础说明	计算基础	税率/%	金额/元
合计					

课后练习

一、填一填

1.工程量清单及其计价表中任何内容________或涂改。

2.按照《建设工程工程量清单计价规范》规定，工程量清单必须由________委托具有相应资质的机构进行编制。

3.清单的五要素包含________、项目名称、________、计量单位、________等。

4.列入其他项目清单中的是________暂估价。

5.计日工列入________清单中，属于标段范围之外的零星工程。

6.税金是指国家税法规定应计入建筑安装工程造价________的增值税。

7.社会保障费包括________、________、________、________、________。

8.工程量清单由________、________、________、规费和税金项目清单所组成。

8.措施项目清单是为完成工程项目施工，发生于该工程施工准备和施工过程中的技术、生活、安全、环境保护等方面的项目，包括________和________。

10.项目编码由________位阿拉伯数字所组成，前9位由________给出。

二、选一选

1.分部分项工程量清单项目编码以12阿拉伯数字表示，前9位是全国统一编码，后3

位是自编码，根据设置的清单项目，编制者是(　　)。

A. 招标单位

B. 投标单位

C. 清单编制人

D. 造价工程师

2. 清单编码由 12 位阿拉伯数字所组成，前两位代表(　　)。

A. 附录分类顺序码

B. 专业工程代码

C. 分部工程顺序码

D. 自编码

3. 在工程量清单的编制过程中，项目特征应该结合(　　)描述。

A. 项目名称

B. 工程内容

C. 计量单位

D. 项目编码

4. 在工程量清单计价过程中，综合单价由(　　)组成。

A. 人工费、材料费、机械费

B. 人工费、材料费、机械费、管理费、利润

C. 人工费、材料费、机械费、管理费、利润、风险费

D. 人工费、材料费、机械费、管理费、利润、规费和税金

5. 关于工程量清单计价模式与定额计价模式，下列正确的是(　　)。

A. 工程量清单计价模式采用工料单价法，定额计价模式采用综合单价计价

B. 工程量清单计价与定额计价工程量计算规则计算原则不同

C. 工程量清单由招标人提供，工程量计算和单价风险由招标人承担

D 定额计价模式仅适用于招投标的建设工程

三、做一做

【背景描述】某学校办公楼工程的招标范围为建筑给排水工程、消火栓给水工程和自动喷淋灭火系统工程；招标人在招标文件中明示还有一部分标段之外的零星工程需要中标的投标人在签订合同后与施工同步进行，预估包括普工 10 个工日，技工 8 个工日；镀锌钢管 DN20 35 m，氧气 0.1 m^3，乙炔气 0.03 kg，尼龙砂轮片 ϕ400 5 片，螺纹阀门 DN20 1 个，镀锌弯头 DN20 1 个；电焊机 2 个台班，砂轮切割机 ϕ400 16 个台班。

【任务布置】根据上述背景描述资料，请以招标人角度编制计日工表，将相关信息准确填入表 1.16 中。

表 1.16 计日工表

工程名称： 标段： 第 页 共 页

编号	项目名称	单位	暂定数量	实际数量	综合单价/元	合价/元	
						暂定	实际
一	人工						
人工小计							
二	材料						
材料小计							
三	施工机械						
施工机械小计							
四	企业管理费和利润						
总 计							

拓展训练

历年（助理）造价工程师考试真题训练

1.【2023 真题】工程量清单由（　　）提供。

A. 工程标底审查机构

B. 招标人

C. 工程咨询公司

D. 招投标管理部门

2.【2023 真题】分部分项工程量清单为闭口清单，投标过程中(　　)。

A. 投标人可以自行补充有遗漏的清单项

B. 投标人可以根据实际需要调整清单项

C. 招标人不允许投标人遗漏任何清单项报价

D. 未经允许投标人对清单内容不允许作任何更改

3.【2023 真题】招标工程标段范围之外的零星工程费用应计入(　　)，若招标文件中列出数量明细，则投标人在投标报价时需涵盖此项费用。

A. 总承包服务费

B. 计日工

C. 暂列金额

D. 单价措施项目费

4.【2023 真题】关于招标工程量清单中的暂估价，下列说法正确的是(　　)。

A. 工程项目暂估价应汇总计入其他项目费

B. 材料暂估价应计入工程量清单综合单价

C. 专业工程暂估价中应包含规费和税金

D. 材料和工程设备暂估价应由投标人填写

5.【2023 真题】工程量清单计价中，招标控制价和投标报价的共同依据是(　　)。

A. 企业定额

B. 地区定额

C. 行业定额

D. 工程量清单

6.【2023 真题】关于招标工程量清单的编制，正确的有(　　)。

A. 招标人对工程量清单中各分部分项工程的工程量的准确性和完整性负责

B. 措施项目清单应根据拟建工程实际列项

C. 专业工程暂估价应计入其他项目费

D. 计日工应列出计量单位、暂定数量、暂定金额

E. 招标工程量清单编制需进行先进施工组织设计编制，以提高施工水平

7.【2023 真题】根据建设工程计价规范，应将总承包服务费列入(　　)清单中。

A. 规费

B. 暂列金额

C. 措施费

D. 其他费用

8.【2017 真题】根据《建设工程工程量清单计价规范》，社会保险费应列入工程量清单中的(　　)。

A. 分部分项工程量清单

B. 规费项目清单

C. 措施项目清单

D. 税金项目清单

9.【2021 真题】编制其他项目清单时，关于计日工表中的材料和机械列项要求的说法，正确的是(　　)。

A. 材料和机械仅按实际使用数量列项

B. 材料和机械应按规格、型号详细列项

C. 材料应按使用数量详细列项，机械应按类别粗略列项

D. 材料应按供应厂商详细列项，机械应按型号粗略列项

10.【2019 真题】根据《建设工程工程量清单计价规范》，总承包人为配合协调业主进行专业工程分包所需的费用，在投标报价时应计入(　　)。

A. 总承包服务费

B. 企业管理费

C. 措施项目费

D. 暂列金额

11.【2021 真题】工程量清单作为清单计价的基础，主要用于建设工程的(　　)。

A. 决策阶段和设计阶段

B. 设计阶段和招投标阶段

C. 施工阶段和运营使用阶段

D. 招投标阶段和施工阶段

12.【2014 真题】采用工程量清单招标时，提供招标工程量清单并对其完整性和准确性负责的单位是(　　)。

A. 发布招标文件的招标人

B. 发放招标文件的招标代理人

C. 编制清单的工程造价咨询人

D. 招标人的上级管理单位

13.【2016 真题】根据《建筑工程工程量清单计价规范》(以下简称《计价规范》)，关于分部分项工程量清单中项目名称的说法，正确的是(　　)。

A.《计价规范》中的项目名称是分项工程名称，以工程主要材料命名

B. 编制清单时，项目名称应根据《计价规范》的项目名称综合拟建工程实际确定

C.《计价规范》中的项目名称是分部工程名称，以工程实体命名

D. 编制清单时，《计价规范》中的项目名称不能变化，但应补充项目规格、材质

14.【2017 真题】根据《建筑工程工程量清单计价规范》，某分部分项工程的项目编码为01—02—03—004—005，其中“004”这一级编码的含义是（　　）。

A. 工程分类顺序码

B. 清单项目顺序码

C. 分部工程顺序码

D. 分项工程顺序码

15.【2020 真题】根据《建筑工程工程量清单计价规范》（以下简称《计价规范》），关于项目特征的说法，正确的有（　　）。

A. 项目特征应根据《计价规范》的项目特征进行统一描述，招标人不应根据拟建项目实际情况更改项目特征描述

B. 分部分项工程量清单的项目特征是确定综合单价的重要依据

C. 项目特征主要涉及项目的自身特性、工艺特征及对项目施工方法可能产生影响的特征

D. 项目名称相同、项目特征不同的清单项目应分别列项

E. 项目特征是指构成分部分项工程量清单项目、措施项目自身价值的本质特征

16.【2021 真题】分部分项工程项目清单中项目特征描述通常包括（　　）。

A. 项目的管理模式

B. 项目的材质、规格

C. 项目的工艺特征

D. 项目的组织方式

E. 可能对项目施工方法产生影响的特征

17.【2016 真题】根据《建筑工程工程量清单计价规范》，关于分部分项工程量清单中工程量计算的方法，正确的是（　　）。

A. 实际施工中的各种损耗应列入措施项目费中

B. 所有招标清单项目工程量按实际施工工程量计算

C. 采用工程量清单计算规则计算时，工程实体的工程量是唯一的

D. 计算综合单价时需考虑施工方案增加的工程量，但不考虑施工中的材料损耗

18.【2015 真题】招标人编制工程量清单时，对各专业工程现行《建筑工程量清单计价规范》（以下简称《计价规范》）中未包括的项目应作补充，则关于该补充项目及其编码的说法，正确的是（　　）。

A. 该项目编码应由对应《计价规范》中规定的代码和 3 位阿拉伯数字组成

B. 清单编制人应将补充项目报省级或行业工程造价管理机构备案

C. 清单编制人在最后一个清单项目后面自行补充该项目，不需编码

D. 该项目按《计价规范》中相近或相似的清单项目编码

19.【2020 真题】根据《建筑工程工程量清单计价规范》，投标人可以根据需要自行增加

列项的清单是(　　)。

A. 分部分项工程量清单

B. 措施项目清单

C. 其他项目清单

D. 规费、税金清单

20.【2020 真题】根据《建筑工程工程量清单计价规范》,关于措施项目清单编制的说法,正确的有(　　)。

A. 编制单价措施项目清单时应列出项目编码、项目名称、项目特征和计量单位,并按现行计量规范的规定计算其工程量

B. 编制总价措施项目清单时应列出项目编码、项目名称,并按照现行计量规范的规定计算其工程量,不需要列出计量单位和项目特征

C. 不同承包人对同一工程可能采用的施工措施不完全一致,因此,措施项目清单应允许承包人根据拟建工程的实际情况列项

D. 环境保护、安全文明施工和材料的二次搬运等措施项目清单应根据工程本身的因素列项,不需考虑不同施工企业的实际情况

E. 参考拟建工程的常规施工技术方案以确定大型机械设备进出场及安拆、混凝土模板和脚手架等措施项目

项目 2　消防给水工程识图与列项

任务 1　室内消火栓给水工程识图与列项

学习目标

1. 掌握室内消火栓给水工程施工图的识读顺序及识读方法；
2. 掌握分部分项工程项目划分原则及方法；
3. 提升“1＋X”职业技能中的“X”部分技能——建筑工程识图能力。

素质目标

遵守规则，按规矩办事，规范操作。

学习要点

1. 识读室内消火栓给水工程图纸前提是清楚其系统原理；
2. 训练“直观项＋隐含项”的列项思维。

知识点链接

一、室内消火栓系统概述

水消防灭火系统按水流形态的不同分为消火栓给水系统和自动喷淋灭火系统。其中，消火栓给水系统包括室外消火栓给水系统、室内消火栓给水系统。

室内消防给水管道应连成环状，且至少应有 2 条进水管与室外管网或消防水泵连接；当其中 1 条进水管发生故障时，其余进水管仍能供应全部消防水量；建筑消防给水管道应与生活给水管道分开，单独设置；建筑消防给水应从市政给水管道分两路引进，并在小区形成环网；消防泵至少一用一备，吸水管不少于两根，屋顶应设试验消火栓一套；消防箱应设直接启泵按钮、消火栓、水带、水枪、自救盘、灭火器；系统还应设水泵结合器。室内消火栓灭火系统主要由以下几个部分组成。

1. 消火栓给水管道

消火栓给水管道包括进户管、干管、立管、横支管。

室内消火栓给水管道的管径≤100 mm 时，采用热镀锌钢管或热镀锌无缝钢管，宜采用螺纹连接、卡箍连接或法兰连接；>100 mm 时，采用焊接钢管或无缝钢管，宜采用焊接或法兰连接。

2. 消火栓

消火栓安装在给水管网上，是一个带内螺纹接头的阀门，一端接消防管道，一端接消防水龙带，是室内消防供水的主要水源之一。消火栓分单栓和双栓，出水口直径为 65 mm、50 mm。

3. 消防水枪

消防水枪用于把水带内的水喷射到火场的物体上，达到灭火、冷却或防护的目的。消防水枪的喷嘴口径规格有 13 mm、16 mm 和 19 mm 三种，13 mm 和 16 mm 水枪可与 50 mm 消火栓及消防水带配套使用，16 mm 和 19 mm 水枪可与 65 mm 消火栓及消防水带配套使用。消防水枪如图 2.1(a)所示。

4. 消防水龙带

消防水龙带两端均带有消防专用快速接口，可与消火栓、消防泵(车)配套，用于输送水或其他液体灭火剂。消防水龙带与室内消火栓配套使用时，长度有 15 m、20 m、25 m、30 m 和 40 m 等规格。如图 2.1(b)所示。

5. 消防软管卷盘

消防软管卷盘又称消防水喉，一般安装在室内消火栓箱内，以水作灭火剂，在启用室内消火栓之前，供建筑物内非消防专门人员自行扑灭 A 类初起火灾。栓口直径为 25 mm，配备的胶带内径不小于 19 mm，软管长度有 20 m、25 m、30 m 三种，喷嘴口径不小于 6 mm，可配直流、喷雾两用喷枪。

6. 消火栓箱

消火栓箱安装在消防给水管道上，消火栓箱内配置水枪、水带和消火栓、水泵启动按钮、消防软管卷盘等。消火栓箱具有给水、灭火、控制、报警等功能，如图 2.1(c)所示。

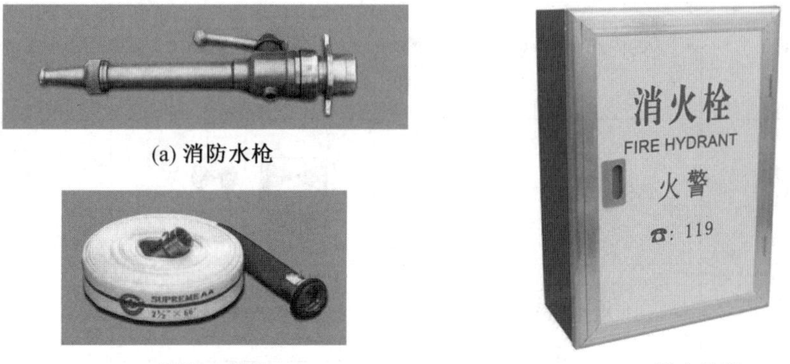

(a) 消防水枪

(b) 消防水龙带

(c) 消火栓箱

图 2.1　消火栓箱及配件

7. 消防水泵接合器

消防水泵接合器是连接消防车向室内消防给水系统加压供水的装置，一端由消防给水管网水平干管引出，另一端设于消防车容易接近的地方，如图 2.2 所示。消防水泵接合器的常见形式包括地下式、墙壁式、地上式等。

(a) 地下式　　(b) 墙壁式　　(c) 地上式

图 2.2　消防水泵接合器

二、消火栓给水工程基本符号及工程图例

正确、规范的文字符号及图例说明是消火栓给水系统设计图纸的重要组成部分，它不仅提高了设计图纸的可读性和准确性，也为后续的施工、验收及维护工作提供了重要依据。因此，在绘制消火栓给水系统图纸时，应严格遵守相关标准和规范，确保文字符号及图例的准确性和一致性。

消火栓给水工程常用基本符号及工程图例具体如表 2.1 所示。

表 2.1　消火栓给水工程常用基本符号及工程图例

序号	名称	图例	备注
1	消火栓给水管		—
2	室外消火栓	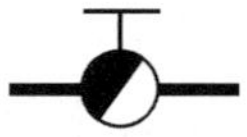	—
3	室内消火栓(单口)	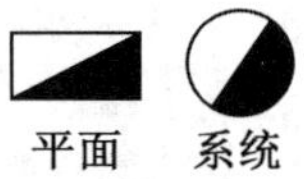	白色为开启面
4	室内消火栓(双口)		—
5	水泵接合器	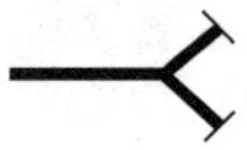	—
6	闸阀		—
7	止回阀	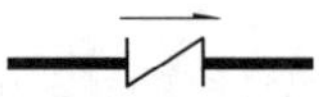	—

续表2.1

序号	名称	图例	备注
8	球阀		—
9	隔膜阀	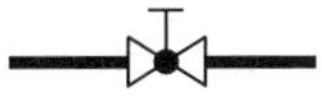	—
10	截止阀		—
11	蝶阀	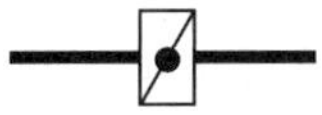	—
12	压力表		

三、室内消火栓给水工程施工图纸识读

室内消火栓给水工程施工图一般由图纸目录、设计说明、平面图、系统图（轴测图）、详图等组成。在识读时，需掌握施工图纸的基本识读技巧，包括图例、符号、标注等信息的解读，能够准确理解图纸表达的设计意图。

（一）图纸目录

图纸目录以表格形式呈现，主要表明每张图纸的名称、内容、图纸编号等，说明该工程图纸由哪几个专业及哪些图纸所组成，目的是便于检索和查找。

（二）设计说明

当在设计图样上无法表达清楚室内消火栓给水系统，如管道材质、连接方式、验收要求、施工中必须遵守的技术规程及规定、管道系统防腐等规定要求的施工工艺及操作方法时，可以在设计说明中体现出来。

设计说明中还要附上设备及主要材料明细清单表，应列明材料类别、规格、数量，设备品种、规格和主要尺寸。

具体在设计说明中读取的信息主要有供水方式、管材及其连接方式、管道的施工要求、图例、设备及主要材料一览表。

（三）平面图识读

（1）弄清消火栓给水引入管的平面位置、定位尺寸，与室外给水管网的连接形式、管径等。

(2)消防给水引入管上一般都装有阀门,阀门若设在室外阀门井内,在平面图上就能完整地表示出来。这时,可查明阀门的型号及距建筑物的距离。

(3)平面图可以查明消火栓给水环路干管、立管、支管等室内消火栓给水管网平面布置位置与走向、定向尺寸、敷设方式、管径尺寸及立管编号等。

(4)可以查明消火栓、水泵接合器、水箱等的类型、数量、安装位置、定位尺寸。各种消防设备通常是用图例画出来的,它只能说明设备的类型,而不能具体表示各部分的尺寸及构造,因此在识图时必须结合有关详图或技术资料,搞清楚这些设备的构造、接管方式和尺寸。

(四)系统图识读

(1)识读消火栓给水系统图应根据介质流向进行读取,即消火栓给水引入管→环路干管→消火栓立管→各层支管→消火栓。

(2)读取消火栓给水管道系统的具体走向,干管的布置方式,管径尺寸及其变化情况,阀门的设置,引入管、干管及各支管的标高。

(3)在识图时应随时根据有关规程和习惯做法将所需支架的数量及规格确定下来,在图上做出标记并做好统计。

(4)系统图上对各楼层标高都有注明,识读时可据此分清管路是属于哪一层的。

(五)详图识读

详图包括节点图、大样图、标准图,主要是管道节点图,消防设备结构图,套管、管道支架安装图等。详图对特定部位或节点进行详细描绘,以便施工人员准确理解和施工。

详图都是根据实物用正投影法画出来的,图上都有详细尺寸,可供安装时直接使用。

四、建设项目及其组成

(一)建设项目的含义

通常将基本建设项目简称为建设项目。它是指按照一个总体设计进行施工的,可以形成生产能力或使用价值的一个或几个单项工程的总体,一般在行政上实行统一管理,经济上实行统一核算。按照一个总体设计和总投资文件在一个场地或者几个场地上进行建设的工程,也属于一个建设项目。民用建设中以一个事业单位为例,如一所学校、一所医院就是一个建设项目。

(二)建设项目的组成

一般将建设工程项目划分成单项工程、单位工程、分部工程和分项工程。

1. 单项工程

单项工程也称工程项目,是指具有独立的设计文件,竣工后可以独立发挥使用功能和产生效益的建设工程。单项工程是建设工程项目的组成部分,一个建设工程项目可以只包括一个单项工程,也可以包括多个单项工程。

2. 单位工程

单位工程是单项工程的组成部分，具有单独的设计文件和独立的施工图，并有独立的施工条件，是工程投资、设计、施工管理、工程验收和工程造价计算的基本对象。

3. 分部工程

分部工程是单位工程的组成要素，一般参照各专业预算定额即可划分清楚。

4. 分项工程

分项工程是指在一个分部工程中，按不同的施工方法、不同的材料和规格，对分部工程进行进一步的划分，用较为简单的施工过程就能完成，以适当的计量单位就可以计算其工程量的基本单元。分项工程是分部工程的组成部分，如砌筑工程可划分为砖基础、内墙、外墙、空斗墙、空心砖墙、砖柱、钢筋砖过梁等分项工程。

具体建设项目划分如图 2.3 所示。

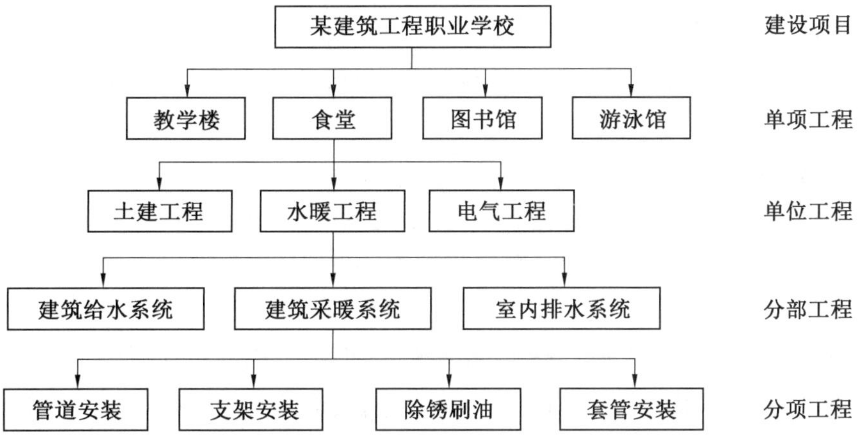

图 2.3 具体建设项目划分

五、通用安装工程消耗量定额说明

在编制室内给排水、采暖、燃气工程施工图预算时，其工程量的计算应按“全国统一安装工程工程量计算规则”和实施中的《全国统一安装工程预算定额》中的第八册《给排水、采暖、燃气工程》的有关规定执行。使用地方估价表或定额时，所用定额册数或定额项目应按地方编制的说明、适用范围和使用要求执行。

例如，《黑龙江省通用安装工程消耗量定额》(HLJD－AZCC—2024)适用于黑龙江省行政区域内工业与民用建筑的新建、扩建通用安装工程，是本省完成规定计量单位分部分项工程所需的人工、材料、施工机械台班的消耗量标准。

该定额既适用于工料单价法(施工图预算)，又适用于综合单价法(工程量清单计价)计价方式，是全过程造价管理各阶段工程造价的指导性计价标准，是编制招标控制价(标底)的依据，为投标报价、确定中标价、约定合同造价、进行工程结算服务。

学生工作页

一、任务书

扫描二维码，根据下面所给项目背景及项目 CAD 图，每小组形成一份消火栓给水工程分部分项工程项目列项实训报告书。

二、任务描述

1. 项目施工图样

本任务所用施工图样为某宾馆消火栓给水工程。施工图样：地下一层消防平面图；一层消防平面图；二层消防平面图；三层消防平面图；消火栓给水系统图。见图 2.3～图 2.7。

2. 设计说明

(1)管道表示方法。

消火栓给水管管径用 DN 表示，单位为毫米；管长用 *L* 表示，单位为米；管标高指管中心，单位为米。

(2)管材及阀门。

消火栓系统管道采用非镀锌钢管；消防系统采用 65 mm 口径的消火栓、25 m 长的消防水龙带和 19 mm 口径的消防水枪喷嘴；消防管道采用蝶阀。

(3)系统安装。

穿过楼板的管道均设套管，套管底端与楼板面平，上端高出地面 20 mm。但厕所、盥洗室、厨房、浴室及其他经常冲洗地面的房间过楼板的套管采用焊接钢管并高出地面 50 mm。

管道活动支架的间距，根据管径按表 2.2 采用。

表 2.2　管道活动支架的间距

管径/mm		15	20	25	32	40	50	70	80	100
管道活动支架的间距/m	有保温层	1.5	2	2	2.5	3	3	4	4	4.5
	无保温层	2.5	3	3.5	4	4.5	5	6	6	6.5

(4)防腐及保温。

钢管刷樟丹两遍，银粉两遍；钢支吊架刷樟丹两遍，银粉两遍。

(5)试压。

室内给水管道试验压力为工作压力的 1.5 倍，但不应小于 0.06 MPa，水压试验后，10 min内压力下降不大于 0.05 MPa，然后降至工作压力进行外观观察，以不漏为合格。

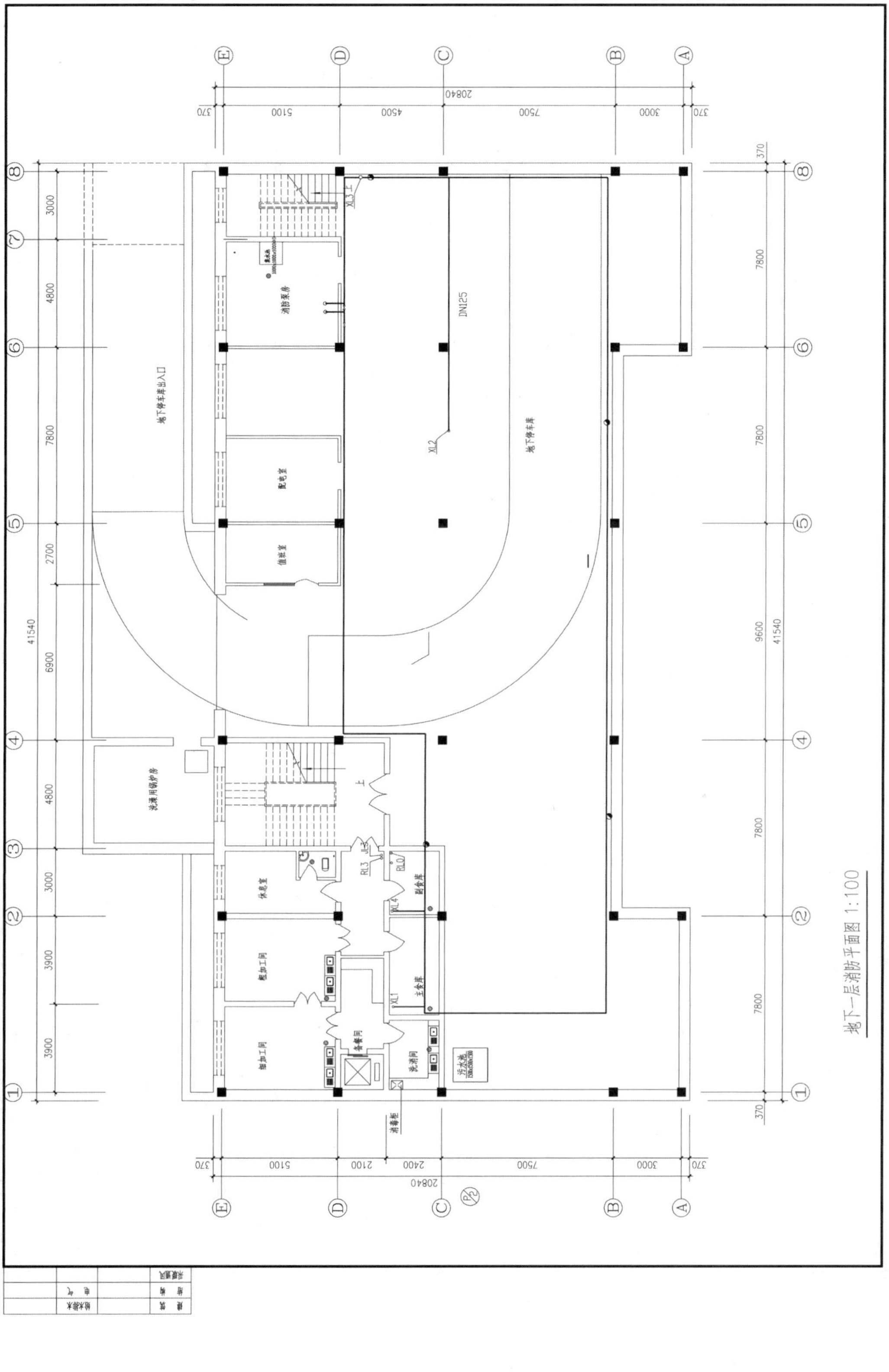

图 2.3 地下一层消防平面图

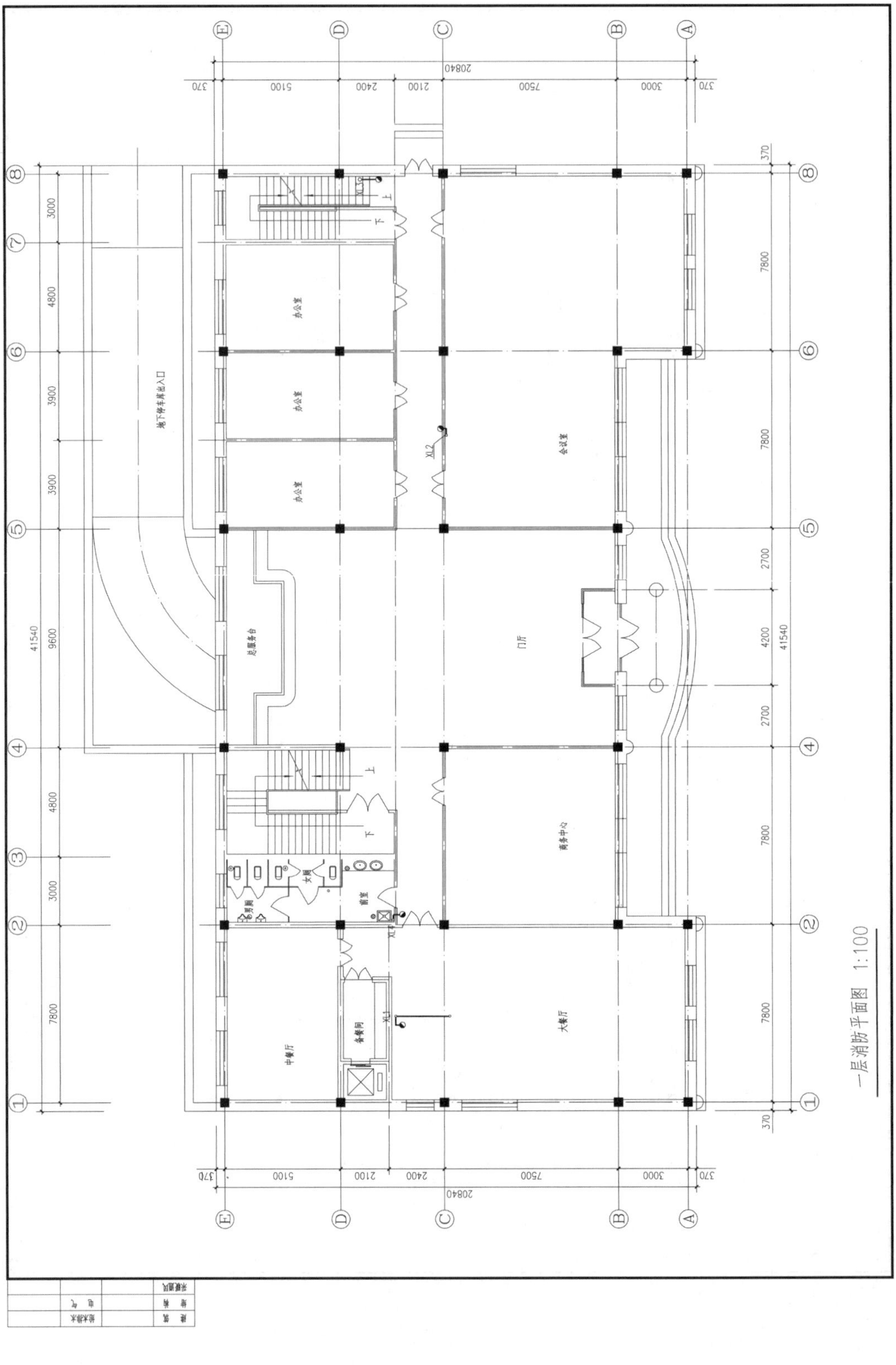
一层消防平面图 1:100
地下停车库出入口
办公室
会议室
总服务台
门厅
商务中心
大餐厅
中餐厅
备餐间
女厕
男厕
XL1
XL2
XL3
20840
41540

图 2.4　一层消防平面图

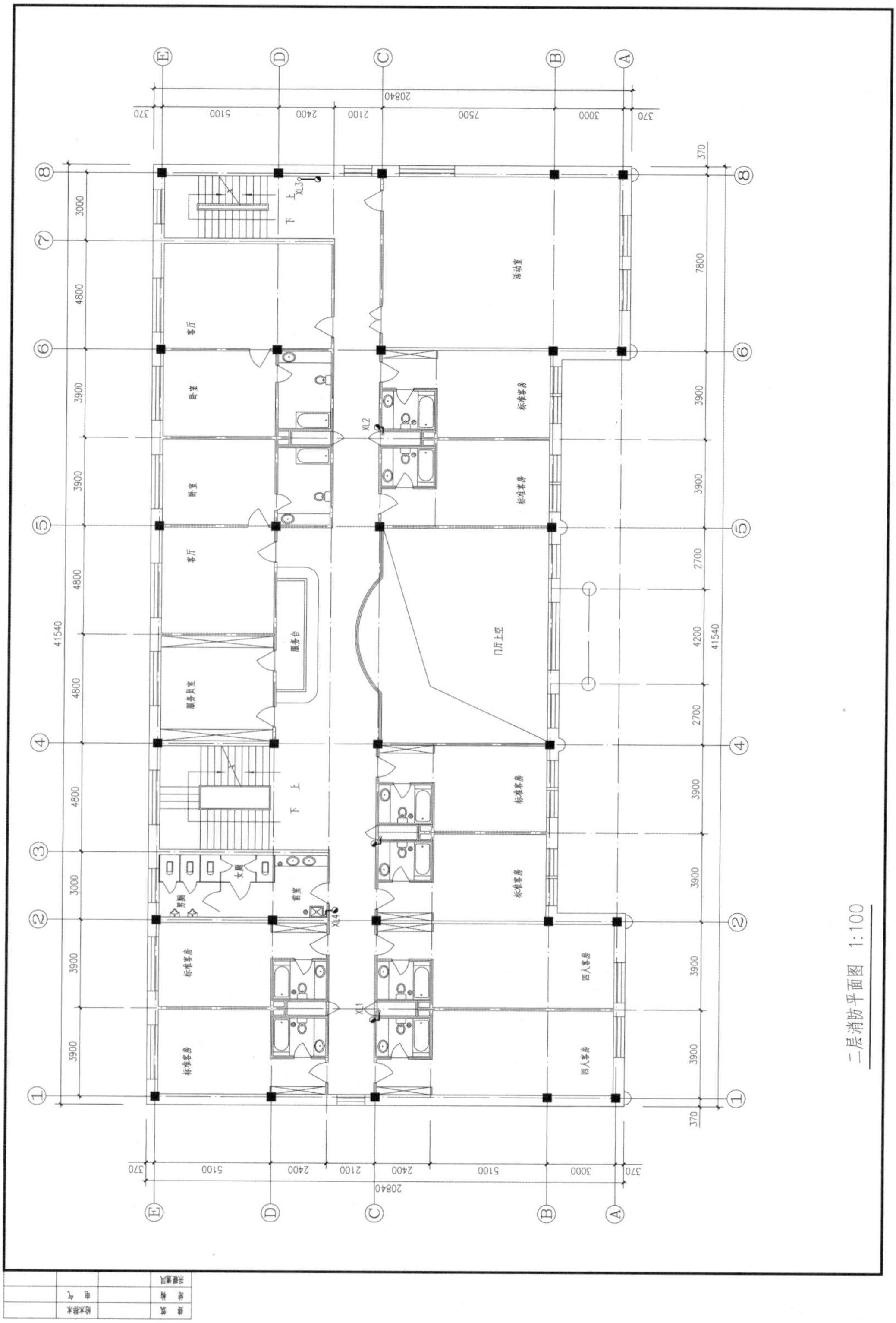

图 2.5 二层消防平面图

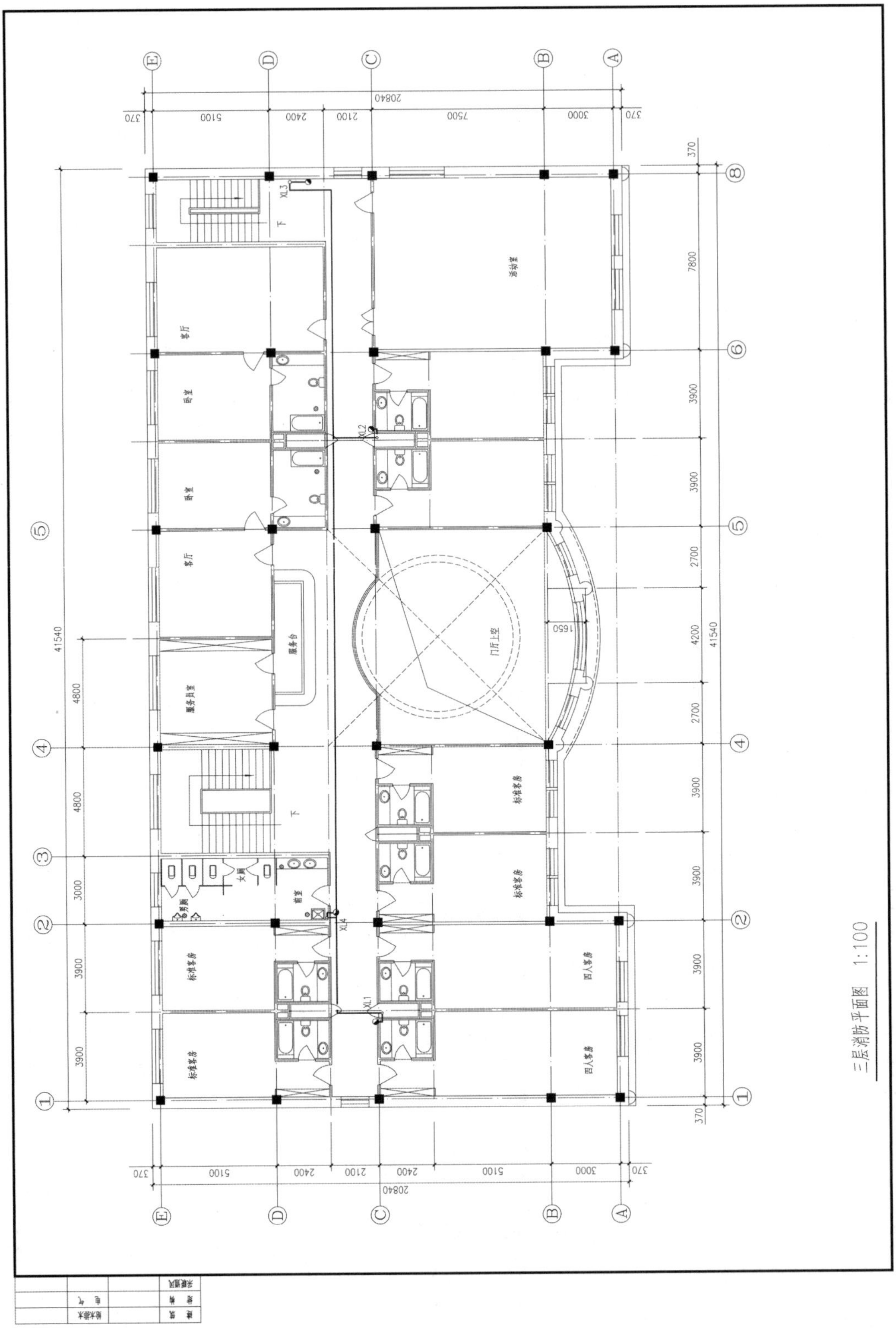

三层消防平面图 1:100
20840
41540
XL1
XL2
XL3
XL4
活动室
客厅
卧室
服务台
服务员室
门厅上空
标准客房
四人客房
男厕
女厕

图 2.6 三层消防平面图

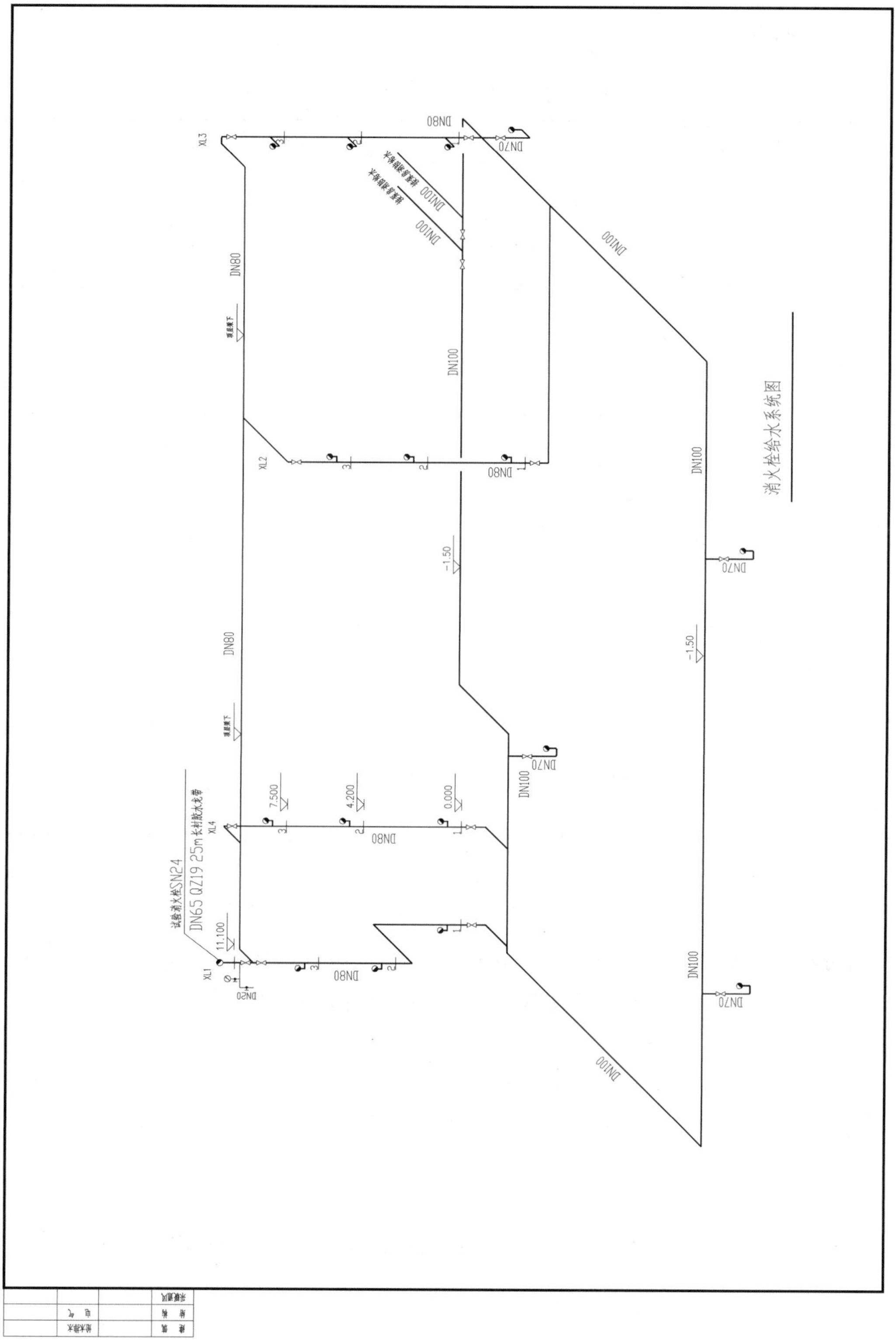

图 2.7 消火栓给水系统图

三、任务分组

表 2.3　学生任务分配表

<table>
<tr><td>任务名称</td><td colspan="2"></td><td>指导教师</td><td></td></tr>
<tr><td>班级</td><td colspan="2"></td><td>组别</td><td></td></tr>
<tr><td>角色</td><td>姓名</td><td>学号</td><td colspan="2">任务分工</td></tr>
<tr><td>组长</td><td></td><td></td><td colspan="2"></td></tr>
<tr><td rowspan="8">组员</td><td></td><td></td><td colspan="2"></td></tr>
<tr><td></td><td></td><td colspan="2"></td></tr>
<tr><td></td><td></td><td colspan="2"></td></tr>
<tr><td></td><td></td><td colspan="2"></td></tr>
<tr><td></td><td></td><td colspan="2"></td></tr>
<tr><td></td><td></td><td colspan="2"></td></tr>
<tr><td></td><td></td><td colspan="2"></td></tr>
<tr><td></td><td></td><td colspan="2"></td></tr>
</table>

备注：

四、获取信息

通过线上微课、线下知识点课堂学习讨论、查阅文献资料等方式获取。

引导问题 1：室内消火栓给水工程施工图纸由哪些部分构成？

引导问题 2：室内消火栓给水工程施工图纸的识读方法及识读顺序是什么？

拓展问题1:识读施工图纸对工程造价的影响有多大?

拓展问题2:通过施工图纸直观看不到的项,要通过什么途径分析?

五、工作计划

按照搜集的资讯制定图纸识读及分部分项工程列项工作方案,包括前期准备材料、识读顺序、识读内容,根据获取的信息进行室内消火栓给水工程列项等。完成表2.4。

表2.4 室内消火栓工程图纸识读与列项工作方案

步骤	工作内容	负责人
总结修正		

六、工作实施

实施步骤1:准备室内消火栓给水工程图纸识读需要的材料。

实施步骤 2:养成良好的学习习惯,边读设计总说明边用记号笔将后续会直接影响工程造价的条款标记下来,并分析隐含项。

实施步骤 3:识读系统图,按照系统介质流向顺序识读,找到系统走向、管道布置方式及它们的标高等。

实施步骤 4:平面图的识读要结合系统图,从平面图中弄清设备、引入管、环路干管、立管及支管等的平面布置位置,同时列出直观项。

实施步骤 5:根据教师提供的某宾馆 CAD 图纸和相关资料,以小组为单位通过团队协作方式编写一份某宾馆消火栓给水施工图纸识读与列项的实训报告书。

班级:　　　　　　组别:

实训项目:

实训时间:

实训地点:

指导教师:

一、实训内容:

二、实训任务成果:

三、总结与体会:

七、评价反馈

完成学生自我评估与组内成员互评、教师评价，如表 2.5 和表 2.6 所示。

表 2.5　学生自我评估与组内成员互评表

<table>
<tr><td colspan="2">任务名称</td><td colspan="4"></td><td>班级</td><td colspan="2"></td></tr>
<tr><td colspan="2">组别</td><td>角色</td><td colspan="3"></td><td>受评者</td><td colspan="2"></td></tr>
<tr><td rowspan="2">序号</td><td rowspan="2">评估项目</td><td rowspan="2">分值</td><td rowspan="2">自我评定</td><td colspan="5">组内评定</td></tr>
<tr><td>组员 1</td><td>组员 2</td><td>组员 3</td><td>组员 4</td><td>组员 5</td></tr>
<tr><td>1</td><td>是否按时按要求完成任务</td><td>10</td><td></td><td></td><td></td><td></td><td></td><td></td></tr>
<tr><td>2</td><td>收集信息和资料的完善程度</td><td>20</td><td></td><td></td><td></td><td></td><td></td><td></td></tr>
<tr><td>3</td><td>是否能掌握施工图纸识读方法</td><td>20</td><td></td><td></td><td></td><td></td><td></td><td></td></tr>
<tr><td>4</td><td>是否能独立识读图纸</td><td>20</td><td></td><td></td><td></td><td></td><td></td><td></td></tr>
<tr><td>5</td><td>听从指挥，遵守纪律</td><td>20</td><td></td><td></td><td></td><td></td><td></td><td></td></tr>
<tr><td>6</td><td>团队协作精神</td><td>10</td><td></td><td></td><td></td><td></td><td></td><td></td></tr>
<tr><td colspan="3" rowspan="2">评价得分</td><td rowspan="2"></td><td></td><td></td><td></td><td></td><td></td></tr>
<tr><td colspan="5">互评平均得分：</td></tr>
<tr><td colspan="6" rowspan="3">自我评价：</td><td colspan="2">非常满意</td><td></td></tr>
<tr><td colspan="2">满意</td><td></td></tr>
<tr><td colspan="2">不满意</td><td></td></tr>
</table>

总结与反思：

表 2.6 教师评价表

任务名称				班级	
组别		角色		实训者	
序号	评价指标			分值	考核评定
1	识读设计说明	直接影响造价的条款找得是否准确、是否按规定标记		30	
2	系统图	是否可以看清系统走向，脉络是否清晰		20	
3	平面图	是否与系统图正确对照，平面布置位置是否清晰		20	
4	团队协作	沟通能力是否良好，团队精神是否具备		20	
5	工作态度	认真、严谨、一丝不苟		10	
得分					

存在问题分析：

指导教师：　　评价时间：

任务 2　自动喷淋灭火系统工程识图与列项

学习目标

1. 掌握自动喷淋灭火系统工程施工图的识读顺序及识读方法；
2. 掌握分部分项工程项目划分原则及方法；
3. 提升“1＋X”职业技能中的“X”部分技能——建筑工程识图能力。

素质目标

强化法律意识，认识到“有法可依，有法必依”。

学习要点

1. 自动喷淋灭火系统不同部件的工作原理及作用；
2. 训练“直观项＋隐含项”的列项思维。

知识点链接

一、自动喷淋灭火系统概述

按报警阀的形式，自动喷淋灭火系统分为湿式系统、干式系统、预作用系统、雨淋系统、水幕系统、水喷雾系统。

(一)自动喷水灭火系统管网及组件

1. 消防管网

消防管网布置成环状，进水管至少两条，包括湿式自动喷淋灭火系统管网、干式自动喷淋灭火系统管网、干湿式自动喷淋灭火系统管网。

2. 喷头

喷头在自动喷淋灭火系统中起着探测火灾、启动系统和喷水灭火的任务。喷头有闭式喷头和开式喷头。喷头如图 2.8 所示。

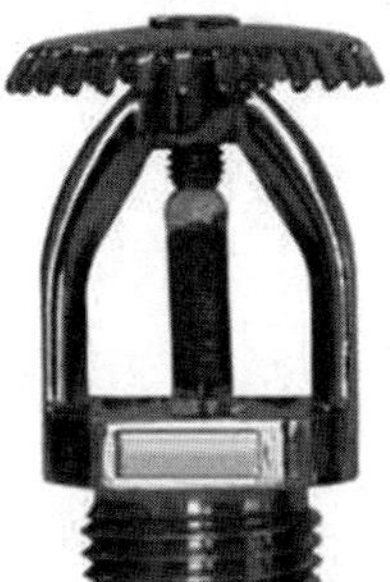

图 2.8　喷头

(1)闭式喷头。

闭式喷头的喷口用由热敏元件组成的释放机构封闭，当达到一定温度时能自动开启，如玻璃球爆炸、易熔合金脱离。其构造按溅水盘的形式和安装位置有直立型、下垂型、边墙型、普通型、吊顶型和干式下垂型洒水喷头之分。

(2)开式喷头。

开式喷头根据用途分为开启式、水幕式、喷雾式。

3. 报警阀

报警阀用于开启和关闭管道系统中的水流，传递信号到控制系统，驱动水力警铃直接报警，分为湿式、干式、干湿式、雨淋式。

4. 水流报警装置

水流报警装置包括水力警铃、水流指示器和压力开关。水力警铃是一种全天候的水压驱动机械式警铃，能在喷淋系统动作时发出持续警报。水流指示器是一种将水流信号转换成电信号的报警装置。压力开关是一种压力传感器，它是自动喷淋灭火系统中的一个部件，其作用是将系统的压力信号转化为电信号。水流报警装置如图 2.9 所示。

(a) 水力警铃　　(b) 水流指示器　　(c) 压力开关

图 2.9　水流报警装置

5. 火灾探测器

火灾探测器包括感烟探测器、感温探测器。感烟探测器利用火灾发生地点的烟雾浓度进行探测，感温探测器通过火灾引起的温升进行探测，通常布置在房间或走道的天花板下面。

6. 减压孔板

减压孔板又称节流孔板，用于均衡各层管段的流量。喷水系统由多层喷水管网组成时，若低层喷头的流量大于高层喷头流量，喷头流量不均衡，系统运行效果不佳，造成水流不必要的浪费，则需要采用减压孔板或节流孔板。

7. 末端试水装置

末端试水装置是安装在系统管网或分区管网的末端，检验系统启动、报警及联动的装置。末端试水装置由试水阀、压力表、试水接头组成，如图 2.10 所示。

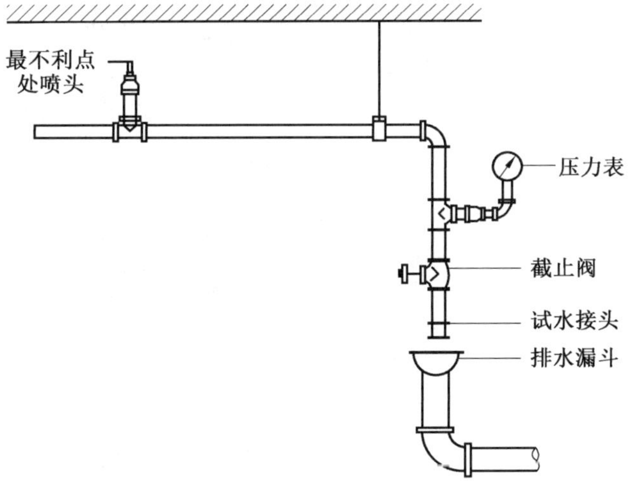

图 2.10　末端试水装置

(二)管材

自动喷淋灭火系统和水喷雾灭火系统报警阀前的管道，应采用内外壁热浸镀锌钢管或焊接钢管，埋地时应采用球墨铸铁管；自动喷淋灭火系统和水喷雾系统报警阀后的管道可采用热浸镀锌钢管、铜管、不锈钢管及钢衬塑、不锈钢衬塑的管道。

(三)管道连接方式

管道连接方式有卡箍连接、螺纹连接、法兰连接和焊接连接。系统中管径 DN≤80 mm 时,采用螺纹连接,管径 DN>80 mm 时,可采用卡箍连接、法兰连接或焊接。

二、自动喷淋灭火系统基本符号及工程图例

自动喷淋灭火系统的文字符号及图例应清晰、准确地表示系统中各种设备和管道的位置、类型和连接关系,以便于设计、施工和维护人员的理解和操作。《建筑给水排水制图标准》(GB/T 50106—2010)中规定了工程中常用的图例。自动喷淋灭火系统常用的基本符号及工程图例如表 2.7 所示。

表 2.7　自动喷淋灭火系统常用基本符号及工程图例

序号	名称	图例	备注
1	自动喷水灭火给水管	—— ZP ——	—
2	自动喷洒头(开式)		—
3	自动喷洒头(闭式)	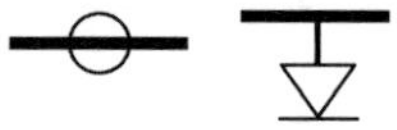	下喷
4	自动喷洒头(闭式)	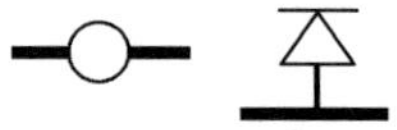	上喷
5	自动喷洒头(闭式)	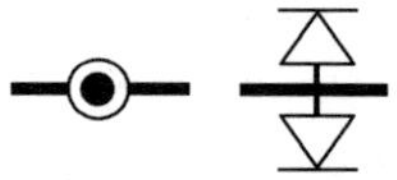	上下喷
6	侧墙式自动喷洒头	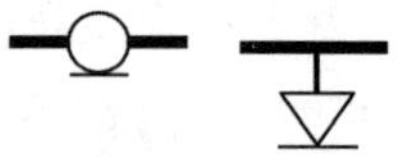	—

续表2.7

序号	名称	图例	备注
7	水喷雾喷头	 平面 系统	—
8	直立型水幕喷头	 平面 系统	—
9	下垂型水幕喷头	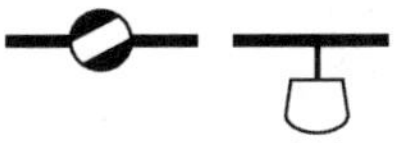 平面 系统	—
10	干式报警阀	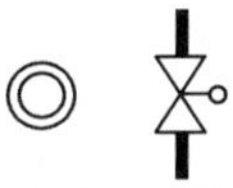 平面 系统	—
11	湿式报警阀	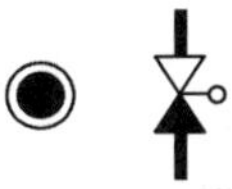 平面 系统	—
12	预作用报警阀	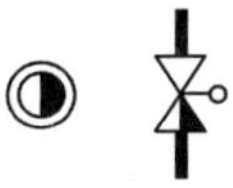 平面 系统	—
13	雨淋阀	 平面 系统	—
14	信号闸阀		—

续表2.7

序号	名称	图例	备注
15	信号蝶阀	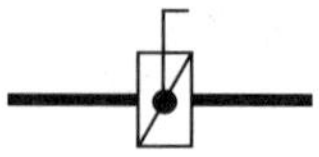	—
16	水流指示器		—
17	水力警铃		—
18	末端试水装置	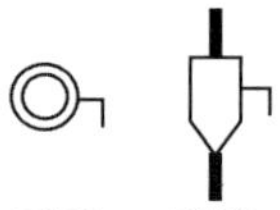 平面 系统	—

三、自动喷淋灭火系统工程施工图纸识读

(一)设计说明

设计说明是对自自动喷淋灭火系统设计的总概述,如系统形式,喷水强度、作用面积、喷头工作压力、系统设计用水量等相关参数,系统中信号阀、水流指示器、报警阀组、水力警铃、压力开关、延迟器等的设置情况,喷头类型以及布置要求,自动喷淋灭火系统管材材质、连接方式、验收要求,施工中必须遵守的技术规程及规定,阀门及附件类型及设置要求,管道系统保温防腐等规定要求的施工工艺及操作方法,安装注意事项等。

设计说明中还要附上图例和设备及主要材料明细清单表,明细清单表中应列明材料类别、规格、数量,设备品种、规格和主要尺寸。

具体在设计说明中读取的信息主要有自动喷淋灭火系统系统形式、管材及其连接方式、管道部件的布置要求及施工工艺、图例、设备及主要材料一览表。

(二)平面图识读

(1)弄清自动喷淋灭火系统引入管的平面位置、定位尺寸,与室外给水管网的连接形式、管径等。

(2)自动喷淋灭火系统引入管上阀门组在平面图上能完整地表示出来,可以查明阀门的型号及位置。

(3)平面图可以查明自动喷淋灭火系统环路干管、立管、支管等平面布置位置与走向、定向尺寸、敷设方式、管径尺寸及立管编号等。

(4)可以查明喷头、报警阀、水流指示器、信号阀、过滤器等的类型、数量、安装位置、定位尺寸。各种消防设备通常是用图例表示出来的,它只能说明设备的类型,而不能具体表示各部分的尺寸及构造,因此在识图时必须结合有关详图或技术资料,搞清楚这些设备的构造、接管方式和尺寸。

(三)系统图识读

(1)识读自动喷淋灭火系统图应根据介质流向进行读取,即供水水源→湿式报警阀组→喷淋立管→各层支管→末端试水装置。

(2)读取自动喷淋灭火系统的具体走向,干管的布置方式,管径尺寸及其变化情况,喷头、报警阀、水流指示器、信号阀、过滤器及各种类型阀门的设置,引入管、干管及各支管的标高。

(3)系统图上对各楼层标高都有注明,识读时可据此分清管路是属于哪一层的。

(四)详图识读

详图包括节点图、大样图、标准图,主要是管道节点图,当有特定部位、区域或节点需要详细描述时,应采用详图,以便施工人员准确理解和施工。

详图都是根据实物用正投影法画出来的,图上都有详细尺寸,可供安装时直接使用。

学生工作页

一、任务书

扫描二维码,根据下面所给项目背景及项目 CAD 图,每小组形成一份自动喷淋灭火系统工程分部分项工程项目列项实训报告书。

二、任务描述

1. 项目施工图样

本任务所用施工图样为某宾馆自动喷淋灭火系统工程。施工图样:地下一层喷淋平面图。

2. 设计说明

(1)管道表示方法。

自动喷淋灭火给水管管径用 DN 表示,单位为毫米;管长用 L 表示,单位为米;管标高指管中心，单位为米。

(2)管材及阀门。

自动喷淋灭火给水管道采用热浸镀锌钢管，当管径小于 DN100 时，丝扣连接；当管径大于等于 DN100 时，卡箍连接，喷淋立管顶部设排气阀；管道变径时，应采用异径管连接，不得采用补芯。

自动喷淋灭火给水管道上阀门采用蝶阀 D71X－25。

(3)喷头。

自动喷淋灭火系统的自动喷头采用快速响应玻璃泡闭式洒水喷头，动作温度为68 ℃；全部为直立型喷头(K＝80)，工作压力为 0.1 MPa，喷头间距(及相邻配水管的间距、喷头与障碍物的间距)应符合《自动喷水灭火系统设计规范》(GB 50084—2017)7.1、7.2 中各条的规定，其溅水盘与顶板的距离为 75～150 mm。

(4)管道支架。

自动喷水管道的吊架与喷头之间的距离应小于 300 mm，与末端喷头的距离不大于 750 mm，吊架应位于相邻喷头间的管段上，当喷头间距不大于 3.6 m 时，可设一个，小于 1.8 m时允许隔段设置。

(5)管道防腐及保温。

天棚下敷设的所有给水管做防结露保温，嵌墙支管可不保温。保温材料采用橡塑管壳(难燃 B1 级，导热系数＜0.04 W/(m·℃)，湿阻因子 7500，透湿系数 2.6×10^{-11} g/(m·s·Pa)，氧指数＞36)。保温应在水压试验合格，完成除锈防腐处理后进行。保温层厚度如表 2.8 所示。

表 2.8 保温层厚度

公称直径	DN15	DN20	DN25	DN32	DN40	DN50
保温层厚度/mm	19.75	19.75	20.50	21.00	22.00	22.50
公称直径	DN70	DN80	DN100	DN125	≥DN150	
保温层厚度/mm	23.00	25.50	25.50	26.00	32.00	

(6)管线试压。

自动喷淋灭火系统管道应冲洗试压，遵照《自动喷水灭火系统施工及验收规范》(GB 50261—2017)执行。

(7)其他事项。

设计图纸必须经过消防审批后方可施工。除喷淋管网上的试水阀外，均为常开状态，阀门上应设有明显的启闭标志。

(8)设计使用图样。

地下一层给排水及消防平面图见图 2.11。

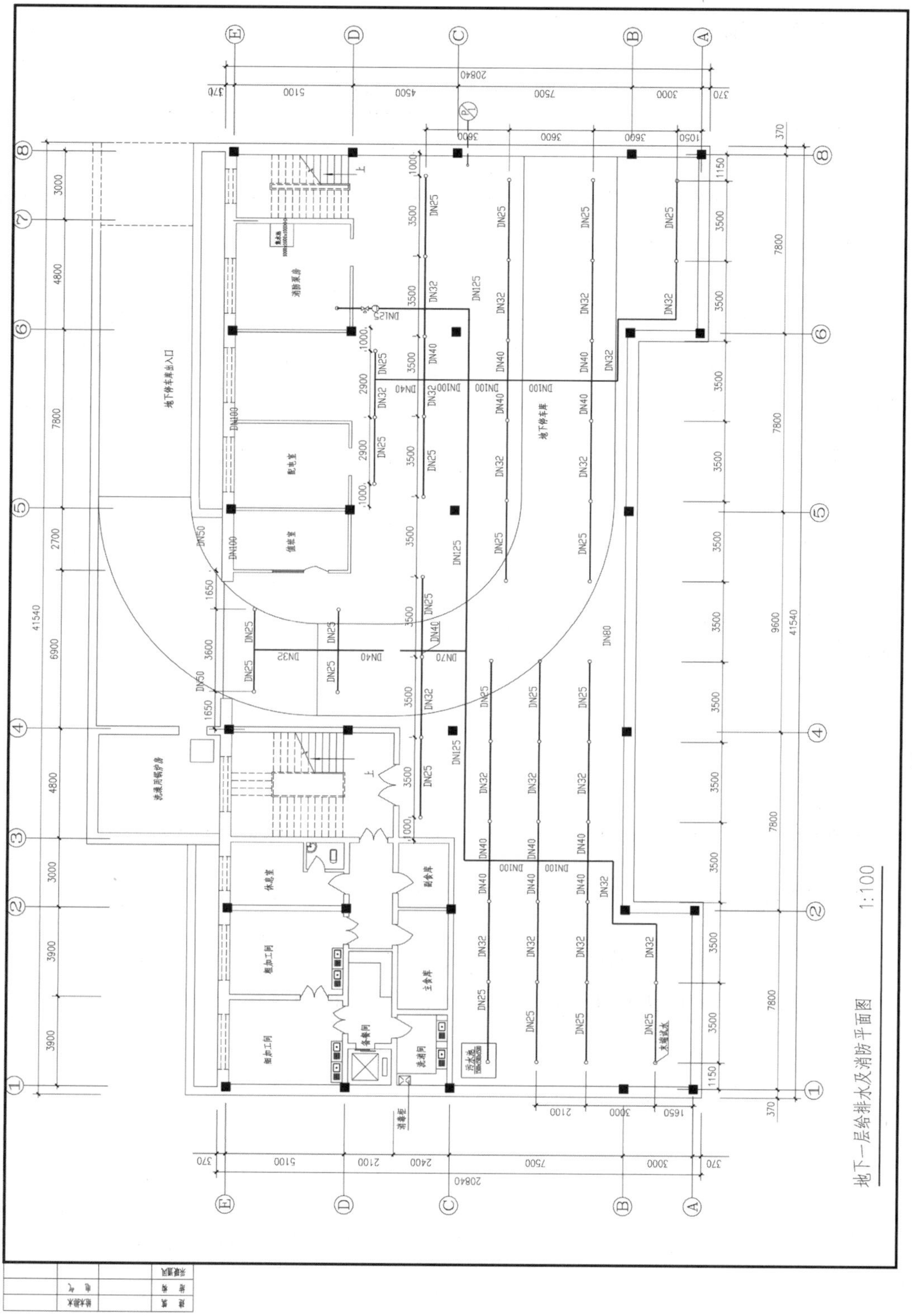

图 2.11 地下一层给排水及消防平面图

三、任务分组

表 2.9 学生任务分配表

任务名称		指导教师	
班级		组别	
角色	姓名	学号	任务分工
组长			
组员			

备注：

四、获取信息

通过线上微课、线下知识点课堂学习讨论、查阅文献资料等方式获取。

引导问题 1：识读自动喷淋灭火系统工程施工图纸的顺序是什么？

引导问题 2：自动喷淋灭火系统管道材质、规格区间如何与连接方式对应？

拓展问题1:设计规范中对喷头布置形式,间距及与顶板、墙壁的距离等如何规定?

拓展问题2:设计规范中对管径与喷头数量的一一对应关系如何规定?

五、工作计划

按照搜集的资讯制定图纸识读及分部分项工程列项工作方案,包括前期准备材料,识读顺序、识读内容,根据获取的信息进行自动喷淋灭火系统工程列项等。完成表2.10。

表2.10 自动喷淋灭火系统工程图纸识读与列项工作方案

步骤	工作内容	负责人
总结修正		

六、工作实施

实施步骤1:准备自动喷淋灭火系统工程图纸识读需要的材料。

实施步骤2:养成良好的学习习惯,边读设计总说明边用记号笔将后续会直接影响工程造价的条款标记下来,并分析隐含项。

实施步骤3:在平面图中弄清引入管、干管、立管及支管、信号阀、水流指示器、喷头等的平面布置位置,同时列出直观项。

实施步骤4:根据教师提供的某宾馆CAD图纸和相关资料,以小组为单位通过团队协作方式编写一份某宾馆自动喷淋灭火系统施工图纸识读与列项实训报告书。

班级:	组别:
实训项目:	
实训时间:	
实训地点:	
指导教师:	
一、实训内容:	
二、实训任务成果:	

续表

三、总结与体会：

七、评价反馈

完成学生自我评估与组内成员互评、教师评价，如表 2.11 和表 2.12 所示。

表 2.11 学生自我评估与组内成员互评表

<table>
<tr><td colspan="2">任务名称</td><td colspan="3"></td><td>班级</td><td colspan="4"></td></tr>
<tr><td colspan="2">组别</td><td>角色</td><td colspan="2"></td><td>受评者</td><td colspan="4"></td></tr>
<tr><td rowspan="2">序号</td><td rowspan="2">评估项目</td><td rowspan="2">分值</td><td rowspan="2">自我评定</td><td colspan="5">组内评定</td></tr>
<tr><td>组员 1</td><td>组员 2</td><td>组员 3</td><td>组员 4</td><td>组员 5</td></tr>
<tr><td>1</td><td>是否按时按要求完成任务</td><td>10</td><td></td><td></td><td></td><td></td><td></td><td></td></tr>
<tr><td>2</td><td>收集信息和资料的完善程度</td><td>20</td><td></td><td></td><td></td><td></td><td></td><td></td></tr>
<tr><td>3</td><td>是否能掌握施工图纸识读方法</td><td>20</td><td></td><td></td><td></td><td></td><td></td><td></td></tr>
<tr><td>4</td><td>是否能独立识读图纸</td><td>20</td><td></td><td></td><td></td><td></td><td></td><td></td></tr>
<tr><td>5</td><td>听从指挥，遵守纪律</td><td>20</td><td></td><td></td><td></td><td></td><td></td><td></td></tr>
<tr><td>6</td><td>团队协作精神</td><td>10</td><td></td><td></td><td></td><td></td><td></td><td></td></tr>
<tr><td colspan="3" rowspan="2">评价得分</td><td rowspan="2"></td><td></td><td></td><td></td><td></td><td></td></tr>
<tr><td colspan="5">互评平均得分：</td></tr>
</table>

续表2.11

任务名称		班级	
自我评价：		非常满意	
		满意	
		不满意	
总结与反思：			

表 2.12 教师评价表

任务名称				班级	
组别		角色		实训者	
序号	评价指标			分值	考核评定
1	识读设计说明	直接影响造价的条款找得是否准确、是否按规定标记		30	
2	系统图	是否可以看清系统走向，脉络是否清晰		20	
3	平面图	是否与系统图正确对照，平面布置位置是否清晰		20	
4	团队协作	沟通能力是否良好，团队精神是否具备		20	
5	工作态度	认真、严谨、一丝不苟		10	
得分					
存在问题分析：					
指导教师： 评价时间：					

项目3　消防给水工程计量

任务1　消防设备计量

学习目标

1.掌握消防设备的计量规则及注意事项；

2.会正确设置消防设备工程量清单项目。

素质目标

培养职业道德、职业精神、团队合作精神。

学习要点

1.注意消防设备结构构成对造价的影响；

2.掌握消防设备定额规则规定。

知识点链接

一、定额量与清单量

工程量是指以自然的或物理的计量单位所表示的各分项工程的实物量。自然计量单位是指可以盘点的以分项工程项目本身自然组成情况来表示的工程数量，如台、套、组、个、只、系统、块等；而物理量单位是指按法定计量单位度量所表示的工程数量，如长度、面积、体积和质量等。

定额量是指考虑了不同施工方法和加工余量的施工过程实际数量。一般包括实体工程中实际用量和损耗量；定额工程量是实际施工工程量，受施工方法、环境、地质等影响较大。例如，土方工程中的“挖基坑土方”，按定额子目计算规则要按实际开挖量计算，考虑放坡及工作面增加的开挖量，即包含为满足施工工艺要求而增加的加工余量。

清单量是指以实体安装就位的净尺寸或按各省、自治区、直辖市或行业建设主管部门的规定计算的工程数量。清单工程量一般都是按图纸计算工程实体消耗的实际净用量。例如，土方工程中的“挖基坑土方”，按计量规范中计算规则规定，要按图示尺寸数量计算净量，不包括放坡及工作面等的开挖量，一般情况下清单工程量小于或等于定额工程量。分部分项工程量清单中所列工程量是按《建设工程工程量清单计价标准》附录中规定的工程量计算规则计算的。

二、消防设备工程量计算规则

消防工程在套用全国统一安装工程预算定额时，使用的是住房和城乡建设部发布的建标《安装工程消耗量定额》第九册“消防工程”。各省及地区执行相应的地方估价表或定额，黑龙江省消防工程执行的是黑龙江省《通用安装工程消耗量定额》(2019)中的第九册“消防工程”，其中，水灭火系统涉及的所有定额子目项在第九册的第一章中，包含水喷淋钢管、消火栓钢管、水喷淋(雾)喷头、报警装置、水流指示器、温感式水幕装置、减压孔板、末端试水装置、集热板、消火栓、消防水泵结合器、灭火器、消防水炮等安装。因此，消防设备的计量需按第一章的工程量计算规则规定执行。

1. 室内消火栓安装

室内消火栓安装区分单栓和双栓、明装和暗装、带自救卷盘和不带自救卷盘按设计图示数量计算，成套产品以“套”为计量单位，水龙带长度按 20 m 考虑，实际有差异时，可以调整换算。所带消防按钮的安装另行计算。成套产品包括的内容详见表 3.1。

落地组合式消防柜安装，执行室内消火栓(明装)定额项目。

2. 室外消火栓安装

室外消火栓安装分地上式和地下式，区分不同规格，区分干管和支管按设计图示数量计算，成套产品以“套”为计量单位。室外消火栓的定额中包括法兰接管及弯管底座(消火栓三通)的安装。成套产品包括的内容详见表 3.1。

3. 消防水泵接合器安装

消防水泵接合器安装区分不同的安装方式(地上式、地下式、墙壁式)、规格按设计图示数量计算，成套产品以“套”为计量单位。消防水泵接合器的定额中包括法兰接管及弯管底座(消火栓三通)的安装。成套产品包括的内容详见表 3.1。

表 3.1　消防装置成套产品表

序号	项目名称	包括内容
1	室内消火栓	消火栓箱、消火栓、水枪、水龙带、水龙带接扣、挂架
2	室外消火栓	地下式消火栓、法兰接管、弯管底座或消火栓三通
3	室内消火栓(带自动卷盘)	消火栓箱、消火栓、水枪、水龙带、水龙带接扣、挂架、消防软管卷盘
4	消防水泵接合器	消防接口本体、止回阀、安全阀、闸(蝶)阀、弯管底座、标牌
5	水炮及模拟末端装置	水炮和模拟末端装置的本体

4. 灭火器

灭火器安装按设计图示数量计算，区分手提式和推车式两种形式，以“具、组”为计量单位。

5. 消防水炮安装

消防水炮安装按设计图示数量计算，区分室内外、进水口径规格，以“台、套”为计量单位。消防水炮及模拟末端装置项目，定额中仅包括本体安装，不包括型钢底座制作安装和混凝土基础砌筑。

6. 给水设备安装

给水设备安装按同一底座设备重量列项，以“套”为计量单位。

7. 气压罐安装

气压罐安装除另有说明外，按设计图示规格、型号、重量，均以“台”为计量单位。

8. 消防水箱安装

消防水箱安装按水箱设计容量，以“台”为计量单位。钢板水箱制作分圆形、矩形，按水箱设计容量，以箱体金属质量“100 kg”为计量单位。

水箱安装适用于玻璃钢、不锈钢、钢板等各种材质，不分圆形、方形，均按箱体容积执行相应项目。水箱安装按成品水箱编制，如现场制作、安装水箱，水箱主材不得重复计算。水箱消毒冲洗及注水试验用水按设计图示容积或施工方案计量。组装水箱的连接材料是按随水箱配套供应考虑的。

三、消防设备清单设置

(1)《通用安装工程工程量计算标准》中附录 J 是针对消防工程的工程量清单项目。其中，表 J.1.1 是专门针对水灭火系统的相关清单项目，与消防设备相关的清单项目如下。

表 J.1.1　水灭火系统(编码:030901)

<table>
<tr><th>项目编码</th><th>项目名称</th><th>项目特征</th><th>计量单位</th><th>工程量计算规则</th><th>工作内容</th></tr>
<tr><td>030901010</td><td>室内消火栓</td><td rowspan="2">1. 安装方式
2. 型号、规格
3. 附件材质、规格</td><td rowspan="2">套</td><td rowspan="5">按设计图示数量计算</td><td>1. 箱体及消火栓安装
2. 配件安装</td></tr>
<tr><td>030901011</td><td>室外消火栓</td><td>1. 本体安装
2. 配件安装</td></tr>
<tr><td>030901012</td><td>消防水泵接合器</td><td>1. 安装部位
2. 型号、规格
3. 附件材质、规格</td><td>套</td><td>1. 本体安装
2. 附件安装</td></tr>
<tr><td>030910001</td><td>灭火器</td><td>1. 形式
2. 型号、规格</td><td>具</td><td>本体放置</td></tr>
<tr><td>030901013</td><td>消防水炮</td><td>1. 水炮类型
2. 规格
3. 压力等级
4. 保护半径</td><td>台</td><td>本体安装</td></tr>
</table>

注：消防水炮分普通手动水炮、智能控制水炮。

(2)《通用安装工程工程量计算标准》中附录 K 是针对给排水、采暖、燃气工程的工程量清单项目。其中，表 K. 5. 1 是专门针对采暖、给排水设备的相关清单项目，与消防给水设备、气压罐相关的清单项目如下。

表 K. 5. 1　采暖、给排水设备(编码:031006)

<table>
<tr><th>项目编码</th><th>项目名称</th><th>项目特征</th><th>计量单位</th><th>工程量计算规则</th><th>工作内容</th></tr>
<tr><td>031005001</td><td>变频给水设备</td><td rowspan="3">1. 型号
2. 质量
3. 水泵主要技术参数
4. 减震装置形式</td><td rowspan="3">套</td><td rowspan="4">按设计图示数量计算</td><td rowspan="3">1. 设备安装
2. 附件安装
3. 减震装置制作、安装</td></tr>
<tr><td>031005002</td><td>稳压给水设备</td></tr>
<tr><td>031005003</td><td>无负压给水设备</td></tr>
<tr><td>031005004</td><td>气压罐</td><td>1. 型号、规格
2. 安装方式</td><td>台</td><td>安装</td></tr>
</table>

注:变频给水设备、稳压给水设备、无负压给水设备安装的说明如下。

(1)压力容器包括气压罐、稳压罐、无负压罐。

(2)水泵包括主泵及备用泵，应注明数量。

(3)附件包括给水装置中配备的阀门、仪表、软接头，应注明数量，含设备、附件之间管路连接。

(4)泵组底座安装，不包括基础砌(浇)筑，应按现行国家标准《房屋建筑与装饰工程工程量计算标准》(GB 50854—2024)相关项目编码列项。

学生工作页

一、任务书

(1)扫描二维码，根据所给电子版 CAD 图，盘点消防设备，填入表 3.4 中；

(2)根据《通用安装工程工程量计算标准》中表 J. 1. 1 的规定，编制消防设备工程量清单项目，填入表 3.5 中。

二、任务分组

表 3.2 学生任务分配表

任务名称			指导教师	
班级		组别		
角色	姓名	学号	任务分工	
组长				
组员				

备注：

三、获取信息

通过线上微课、线下知识点课堂学习讨论，查阅文献资料等获取信息。

引导问题 1：消防设备构造及定额包含哪些内容？

引导问题 2：遵守规则，消防设备计量规则、计量方法及注意事项有哪些内容？

拓展问题 1:如何规范操作消防设备清单项目五要素设置?应注意什么?

四、工作计划

按照获取的资讯整理总结,制定消防设备工程量清单编制工作方案,包括前期准备资料整理、依据规则及方法计量、清单五要素设置等。完成表 3.3。

表 3.3 建筑给排水管道工程量清单编制工作方案

步骤	工作内容	负责人
总结修正		

五、工作实施

实施步骤 1:弄清消防设备构造与定额内容之间的关系。

实施步骤 2:计量时,区分部位、规格、形式,准确界定并盘点。

实施步骤 3:得到上述计算结果后,设置消防设备清单五要素。

实施步骤 4:团队协作填写消防设备工程量计算表和消防设备分部分项工程量清单表,如表 3.4 和表 3.5 所示。

表 3.4 工程量计算表

工程名称: 班级: 组别:

序号	项目名称	计 算 式	计量单位	工程量

表 3.5　分部分项工程量清单表

工程名称：　　　　　　　班级：　　　　　　　组别：　　　　　　　　　　第　页　共　页

序号	项目编码	项目名称	项目特征描述	计量单位	工程量

六、评价反馈

完成学生自我评估与组内成员互评、教师评价，如表 3.6 和表 3.7 所示。

表 3.6　学生自我评估与组内成员互评表

<table>
<tr><td colspan="2">任务名称</td><td colspan="4"></td><td colspan="2">班级</td><td colspan="2"></td></tr>
<tr><td colspan="2">组别</td><td>　</td><td>角色</td><td colspan="2"></td><td colspan="2">受评者</td><td colspan="2"></td></tr>
<tr><td rowspan="2">序号</td><td rowspan="2">评估项目</td><td rowspan="2">分值</td><td rowspan="2">自我评定</td><td colspan="5">组内评定</td></tr>
<tr><td>组员 1</td><td>组员 2</td><td>组员 3</td><td>组员 4</td><td>组员 5</td></tr>
<tr><td>1</td><td>是否按时按要求完成任务</td><td>10</td><td></td><td></td><td></td><td></td><td></td><td></td></tr>
<tr><td>2</td><td>收集信息和资料的完善程度</td><td>20</td><td></td><td></td><td></td><td></td><td></td><td></td></tr>
<tr><td>3</td><td>计量规则是否掌握，方法运用是否得当</td><td>30</td><td></td><td></td><td></td><td></td><td></td><td></td></tr>
<tr><td>4</td><td>是否能独立设置消防设备清单项目</td><td>20</td><td></td><td></td><td></td><td></td><td></td><td></td></tr>
<tr><td>5</td><td>任务执行过程中操作是否规范</td><td>10</td><td></td><td></td><td></td><td></td><td></td><td></td></tr>
<tr><td>6</td><td>听从指挥，遵守纪律</td><td>10</td><td></td><td></td><td></td><td></td><td></td><td></td></tr>
<tr><td colspan="3" rowspan="2">评价得分</td><td rowspan="2"></td><td></td><td></td><td></td><td></td><td></td></tr>
<tr><td colspan="5">互评平均得分：</td></tr>
</table>

续表3.6

任务名称		班级	
自我评价：		非常满意	
		满意	
		不满意	

总结与反思：

表 3.7 教师评价表

任务名称				班级	
组别		角色		实训者	
序号	评价指标			分值	考核评定
1	定额量与清单量	是否能明确区分定额量与清单量，是否清楚它们构成的底层逻辑		20	
2	消防设备计量	管道计量规则掌握得是否清楚，计算方法是否运用得当		20	
3	消防设备清单设置	清单五要素设置是否准确，项目特征描述是否详尽		30	
4	工作中存在的实际问题	在遇到问题时分析解决问题能力是否具备		20	
5	工作态度	是否认真严谨、一丝不苟		10	
得分					

存在问题分析：

指导教师：　　评价时间：

任务2　消防给水管道及部件计量

学习目标

1. 掌握消防给水管道及部件的计量规则、计量方法；
2. 具备设置消防给水管道及部件工程量清单的能力。

素质目标

遵守规则，规范做事；树立有法可依，有法必依的意识。

学习要点

1. 消防管道计量节点要清晰，部件计量要分情形；
2. 编制清单要规范，项目特征描述要详尽、全面。

知识点链接

一、消防给水管道界限划分

(1)消火栓管道：给水管道室内外界限划分应以建筑物外墙皮 1.5 m 为界，入口处设阀门者以阀门为界。

(2)自动喷淋灭火系统管道：室内外界限应以建筑物外墙皮 1.5 m 为界，入口处设阀门者以阀门为界；设在高层建筑内的消防泵间管道应以泵间外墙皮为界。

(3)厂区范围内的装置、站、罐区的架空消防管道执行定额相应子目。

(4)与市政给水管道的界限：以与市政给水管道碰头点(井)为界。

二、消防给水管道及部件工程量计算规则

消防给水管道包括消火栓钢管、水喷淋钢管。以黑龙江省为例，室内管道执行的是黑龙江省《通用安装工程消耗量定额》(2019)中的第九册“消防工程”第一章相应项目，室外埋地管道执行第十册《给排水、采暖、燃气工程》中室外给水管道安装相应项目；阀门、套管等安装执行第十册《给排水、采暖、燃气工程》相应项目。

1. 消火栓钢管安装

管道安装区分管道材质、连接方式、规格，按设计图示管道中心线长度以“10m”为计量单位，不扣除阀门、管件及各种组件所占长度。

(1)工作内容：检查及清扫管材、切管、套丝、调直、管道及管件安装、丝口刷漆、水压试验、水冲洗等全部操作过程。

(2)管道安装项目中，各种管件数量系综合取定，执行定额时，成品管件数量可依据设计

文件及施工方案或参照“管道管件数量取定表”计算,定额中其他消耗量均不做调整。管件数量如表 3.8~3.10 所示。

表 3.8 消火栓镀锌钢管(螺纹连接)管件

单位:个/10 m

材料名称	公称直径/mm			
	50	65	80	100
三通	0.25	0.81	1.35	1.62
弯头	6.51	5.04	1.23	0.94
管箍	0.1	0.22	1.25	1.16
异径管	—	0.4	0.86	0.72
小计	6.86	6.47	4.69	4.44

表 3.9 消火栓钢管(焊接)管件

单位:个/10 m

材料名称	公称直径/mm					
	65	80	100	125	150	200
成品三通	0.81	1.35	1.62	1.16	0.67	0.4
成品弯头	5.04	1.23	0.94	0.86	0.63	0.53
成品异径管	0.4	0.86	0.72	0.62	0.47	0.4
小计	6.25	3.44	3.28	2.64	1.77	1.33

表 3.10 消火栓钢管(沟槽连接)管件

单位:个/10 m

材料名称	公称直径/mm							
	65	80	100	125	150	200	250	300
沟槽三通	0.54	0.9	1.08	0.78	0.45	0.27	0.36	0.35
机械三通	0.27	0.45	0.54	0.39	0.22	0.13	0.18	0.18
弯头	5.04	1.23	0.94	0.86	0.63	0.53	0.83	0.82
异径管	0.4	0.86	72	0.62	0.47	0.4	0.25	0.25
合计	6.25	3.44	3.28	2.65	1.77	1.33	1.62	1.6

(3)消火栓钢管材质以镀锌钢管或焊接钢管为主,镀锌钢管适用于螺纹连接,焊接钢管适用于焊接、沟槽连接。螺纹连接管道安装,其消火栓镀锌钢管管件为未计价材料;沟槽连接管道安装,其消火栓钢管管件、卡箍连接件均为未计价材料;消火栓钢管连接项目已包括消火栓镀锌钢管管件、消火栓钢管管件、卡箍连接件的安装费用,它们本身的价格可按现行

的市场价格另行计算。

2. 水喷淋钢管安装

水喷淋钢管计量同消火栓钢管计量。

(1)工作内容:检查及清扫管件、切管、套丝、调直、管道及管件安装、丝口刷漆、水压试验、水冲洗等全部操作过程。

(2)管道安装项目中,各种管件数量系综合取定,执行定额时,成品管件数量可依据设计文件及施工方案或参照"管道管件数量取定表"计算,定额中其他消耗量均不做调整。管件数量如表3.11~3.13所示。

表3.11 水喷淋镀锌钢管(螺纹连接)管件

单位:个/10 m

材料名称	公称直径/mm						
	25	32	40	50	65	80	100
四通	—	0.04	0.09	0.37	1.23	2.76	2.38
三通	0.8	4.09	4.8	4.4	2.13	0.92	1.09
弯头	3.62	0.93	0.31	0.36	0.33	0.18	0.27
管箍	1.38	0.25	0.25	0.25	0.25	0.25	0.3
异径管	—	3.72	4.06	2.75	2.95	1.9	1.33
小计	5.8	9.03	9.51	8.13	6.89	6.01	5.37

表3.12 水喷淋钢管(法兰连接)管件

单位:个/10m

材料名称	公称直径/mm							
	100	125	150	200	250	300	350	400
成品四通	2.38	1.52	0.94	—	—	—	—	—
成品三通	1.09	0.91	0.72	0.54	0.54	0.53	0.53	0.53
成品弯头	0.27	0.78	0.84	0.88	0.83	0.82	0.82	0.82
成品异径管	1.33	0.36	0.31	0.25	0.25	0.25	0.25	0.25
小计	5.07	3.57	2.81	1.67	1.62	1.6	1.6	1.6

表 3.13 水喷淋钢管(沟槽连接)管件

单位:个/10 m

材料名称	公称直径/mm							
	65	80	100	125	150	200	250	300
沟槽四通	1.23	2.76	2.38	1.52	0.94	—	—	—
沟槽三通	1.42	0.61	0.73	0.61	0.48	0.36	0.36	0.35
机械三通	0.71	0.31	0.36	0.3	0.24	0.18	0.18	0.18
弯头	0.33	0.08	0.27	0.78	0.84	0.88	0.83	0.82
异径管	2.95	1.9	1.33	0.36	0.31	0.25	0.25	0.25
合计	6.64	5.66	5.07	3.57	2.81	1.67	1.62	1.6

(3)水喷淋钢管材质以镀锌钢管为主,公称直径 DN100 以下适用于螺纹连接,DN100 以上适用于法兰连接。沟槽连接则适用于公称直径大于或等于 DN65 的镀锌钢管。螺纹连接管道安装,其管件为未计价材料;法兰连接管道安装,其管件、法兰均为未计价材料,按成品,不考虑施工现场加工制作,其数量按设计图样计算;沟槽连接管道安装,其管件、卡箍连接件均为未计价材料;水喷淋钢管连接项目已包括水喷淋钢管管件、法兰、卡箍连接件的安装费用,它们本身的价格可按现行的市场价格另行计算。

3.阀门安装

阀门区分不同材质、连接方式、公称直径,以“个”为计量单位。

(1)工作内容:制垫、加垫、阀门连接、紧螺栓、水压试验等全部操作过程。

(2)阀门安装均综合考虑了标准规范要求的强度及严密性试验工作内容。

(3)电磁阀、温控阀安装项目均包括配合调试工作内容,不再重复计算。

(4)对夹式蝶阀安装已含双头螺栓用量,在套用与其连接的法兰安装项目时,应将法兰安装项目中的螺栓用量扣除。浮球阀安装已包括联杆及浮球的安装。

(5)与螺纹阀门配套的连接件,如设计与定额中材质不同时,可按设计进行调整。

(6)法兰阀门、法兰式附件安装项目均不包括法兰安装,应另行套用相应法兰安装项目。

4.法兰安装

法兰均区分不同材质、连接方式、公称直径,以“副”为计量单位。承插盘法兰短管按照不同连接方式、公称直径,以“副”为计量单位。

(1)工作内容:切管、焊接、制垫、加垫、安装组对、紧螺栓、试压检查等全部操作过程。

(2)每副法兰和法兰式附件安装项目中,均包括一个垫片和一副法兰螺栓的材料用量。

5.套管制作安装

套管可分为塑料套管、钢套管、柔性防水套管及刚性防水套管。柔性及刚性防水套管适用于管道穿过建筑物时管道必须要密封和有防水要求的部位。

一般穿墙套管、柔性套管、刚性套管,按工作介质管道的公称直径,分规格以“个”为计量单位。

(1)刚性防水套管、柔性防水套管安装项目、一般套管制作安装项目中,包括配合预留孔洞及浇筑混凝土工作内容。

(2)保温管道穿墙、板采用套管时,按保温层外径规格执行套管相应项目。

(3)套管安装项目中,包括配合预留孔洞、浇筑混凝土、堵洞工作内容。

6.水灭火系统调试

(1)自动喷淋灭火系统调试按水流指示器数量以“点”为计量单位;

(2)消火栓灭火系统按消火栓启泵按钮数量以“点”为计量单位:

(3)消防水炮控制装置系统调试按水炮数量以“点”为计量单位。

(4)灭火系统控制装置包括消火栓、自动喷水、七氟丙烷、二氧化碳等固定灭火系统的控制装置。

三、消防给水管道及部件清单设置

(1)《通用安装工程工程量计算标准》中附录J是针对消防工程的工程量清单项目。其中,表J.1.1是专门针对水灭火系统的相关清单项目,表J.9.1是专门针对消防系统调试的相关清单项目,与消防给水管道和消防系统调试相关的清单项目如下。

表J.1.1　水灭火系统(编码:030901)

项目编码	项目名称	项目特征	计量单位	工程量计算规则	工作内容
030901001	水喷淋钢管	1.安装部位 2.材质、规格 3.连接形式	m	按设计图示管道中心线以长度计算	1.管道安装 2.压力试验 3.冲洗 4.管道标识 5.管件安装
030901002	消火栓钢管				

注:水灭火管道工程量计算,不扣除阀门、管件及各种组件所占长度以延长米计算。

表J.9.1　消防系统调试(编码:030909)

项目编码	项目名称	项目特征	计量单位	工程量计算规则	工作内容
030909001	水灭火控制装置调试	系统形式	点	按控制装置的点数计算	调试

注:水灭火控制装置,自动喷洒系统按水流指示器数量以点(支路)计算;消火栓系统按消火栓启泵按钮数量以点计算;消防水炮系统按水炮数量以点计算。

2.《通用安装工程工程量计算标准》中附录 K 是针对给排水、采暖、燃气工程的工程量清单项目。其中，表 K.2.1 是专门针对管道附件的相关清单项目。表 N.1.1 是针对其他及附属工程的相关清单项目。与消防给水管道部件相关的清单项目如下。

表 K.2.1　管道附件(编码:031003)

项目编码	项目名称	项目特征	计量单位	工程量计算规则	工作内容
031002001	金属阀门	1.类型 2.材质 3.规格、压力等级 4.连接形式	个	按设计图示数量计算	1.阀门连接 2.试压检查 3.配合调试
031002009	法兰	1.材质 2.规格、压力等级 3.连接形式	副	按设计图示数量计算	安装

注:阀门安装如仅为一侧法兰连接时，应在项目特征中描述。

表 N.1.1　其他及附属工程(编码:031301)

项目编码	项目名称	项目特征	计量单位	工程量计算规则	工作内容
031301003	套管	1.名称、类型 2.材质 3.规格 4.填料材质	个	按设计图示数量计算	1.制作 2.安装 3.除锈、刷油 4.填塞密封材料、堵洞

注:套管仅适用于设计图纸特别要求的此等项目，设计图纸特别说明的套管应已包括在本标准其他相关附录内所列管道、管线项目的工作内容中。套管名称是指穿基础、墙、梁、楼板等部位的防水套管、一般钢套管及防火套管等;套管的类型是指刚性套管、柔性套管，不同类别套管应分别列项。

学生工作页

一、任务书

(1)扫描二维码，根据所给电子版 CAD 图，汇总消防管道及部件工程量，填入表3.16中;

(2)根据《通用安装工程工程量计算标准》中表 J.1.1、J.9.1、K.2.1、N.1.1 的规定，编制消防管道及部件工程量清单项目，填入表 3.17 中。

二、任务分组

表 3.14　学生任务分配表

<table>
<tr><td>任务名称</td><td colspan="3"></td><td>指导教师</td><td></td></tr>
<tr><td>班级</td><td colspan="2"></td><td>组别</td><td colspan="2"></td></tr>
<tr><td>角色</td><td>姓名</td><td>学号</td><td colspan="3">任务分工</td></tr>
<tr><td>组长</td><td></td><td></td><td colspan="3"></td></tr>
<tr><td rowspan="8">组员</td><td></td><td></td><td colspan="3"></td></tr>
<tr><td></td><td></td><td colspan="3"></td></tr>
<tr><td></td><td></td><td colspan="3"></td></tr>
<tr><td></td><td></td><td colspan="3"></td></tr>
<tr><td></td><td></td><td colspan="3"></td></tr>
<tr><td></td><td></td><td colspan="3"></td></tr>
<tr><td></td><td></td><td colspan="3"></td></tr>
<tr><td></td><td></td><td colspan="3"></td></tr>
</table>

备注：

三、获取信息

通过线上微课、线下知识点课堂学习讨论，查阅文献资料等获取信息，提升自主学习能力。

引导问题 1：消防给水管道室内外界线如何划分？

引导问题 2:遵守规则,消防给水管道及部件计量规则、计量方法及注意事项有哪些内容?

拓展问题 1:如何规范操作消防给水管道及部件清单项目五要素设置?应注意什么?

四、工作计划

按照获取的资讯整理总结,制定消防给水管道及部件工程量清单编制工作方案,包括前期准备资料整理、依据规则及方法计量、清单五要素设置等。完成表 3.15。

表 3.15 建筑给排水管道工程量清单编制工作方案

步骤	工作内容	负责人
总结修正		

五、工作实施

实施步骤 1:确定室内外消防管道界线。

实施步骤 2:消防管道计量时,区分部位、材质、连接方式、规格,准确找到计算节点并计算。了解盘点部件时应注意的事项。

实施步骤 3:得到上述计算结果后,设置消防给水管道及部件清单五要素。

实施步骤 4:团队协作填写消防给水管道及部件工程量计算表和消防给水管道及部件分部分项工程量清单表,如表 3.16 和表 3.17 所示。

表 3.16 工程量计算表

工程名称: 班级: 组别:

序号	项目名称	计 算 式	计量单位	工程量

续表3.16

序号	项目名称	计　算　式	计量单位	工程量

表 3.17　分部分项工程量清单表

工程名称：　　　　班级：　　　　组别：　　　　第　页　共　页

序号	项目编码	项目名称	项目特征描述	计量单位	工程量

六、评价反馈

完成学生自我评估与组内成员互评、教师评价，如表 3.18 和表 3.19 所示。

表 3.18　学生自我评估与组内成员互评表

任务名称						班级		
组别		角色				受评者		
序号	评估项目	分值	自我评定	组内评定				
				组员 1	组员 2	组员 3	组员 4	组员 5
1	是否按时按要求完成任务	10						
2	收集信息和资料的完善程度	20						
3	计量规则是否掌握，方法运用是否得当	30						
4	是否能独立设置管道及部件清单项目	20						
5	任务执行过程中操作是否规范	10						
6	听从指挥，遵守纪律	10						
评价得分								
				互评平均得分：				
自我评价：							非常满意	
							满意	
							不满意	
总结与反思：								

表 3.19　教师评价表

任务名称				班级	
组别		角色		实训者	
序号	评价指标			分值	考核评定
1	管道界线	是否能界定清楚消防工程室内外管道界线		20	
2	管道及部件计量	管道及部件计量规则掌握得是否清楚，计算方法是否运用得当		20	

续表3.19

任务名称			班级	
3	管道及部件清单设置	清单五要素设置是否准确，项目特征描述是否详尽	30	
4	工作中存在的实际问题	在遇到问题时分析解决问题能力是否具备	20	
5	工作态度	是否认真严谨、一丝不苟	10	
得分				

存在问题分析：

指导教师：　　评价时间：

任务3　自动喷淋灭火系统管网组件计量

学习目标

1. 掌握自动喷淋灭火系统管网组件的计量规则、计量方法及注意事项；
2. 培养独立正确编制自动喷淋灭火系统管网组件工程量清单的能力。

素质目标

1. 培养解决工程问题的科学思维。
2. 培养严谨的工作态度，求真务实。

学习要点

1. 自动喷淋灭火系统管网组件的清晰界定；
2. 清楚工程量清单项目构成的底层逻辑。

知识点链接

一、自动喷淋灭火系统管网组件设置要求

自动喷淋灭火系统管网组件包括喷头、报警装置、水力警铃、水流指示器、末端试水装置等。

(一)喷头

(1)同一场所内的喷头应布置在同一平面上，并应贴近顶板安装，使闭式喷头处于有利于接触火灾烟气的位置。直立型、下垂型标准喷头溅水盘与顶板的距离应为75～150 mm。

(2)当在梁或其他障碍物的下方布置喷头时，溅水盘与顶板的距离不应大于300 mm。在梁和障碍物及密肋梁板下布置的喷头，溅水盘与梁等障碍物及密肋板底面的距离应为25～100 mm。

(3)在梁间布置的喷头，在符合喷头与梁等障碍物之间距离规定的前提下，溅水盘与顶板的距离不应大于550 mm。不能达到上述要求时，应在梁底面下方增设喷头。

(4)直立型、下垂型喷头与梁、通风管道等障碍物的距离(见图3.1)宜符合表3.20的规定。

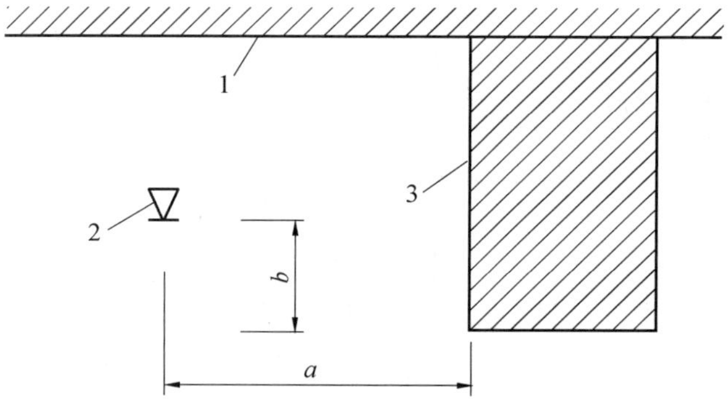

图3.1　喷头与梁等障碍物的距离

1—顶板；2—喷头；3—障碍物

表3.20　喷头溅水盘高于梁底、通风管道腹面的最大垂直距离

(标准直立与下垂喷头)

喷头与梁、通风管道、排管、桥架的水平距离 a/mm	喷头溅水盘高于梁底、通风管道、排管、桥架腹面的最大垂直距离 b/mm
$a<300$	0
$300\leqslant a<600$	60
$600\leqslant a<900$	140
$900\leqslant a<1\ 200$	240

续表3.20

喷头与梁、通风管道、排管、桥架的水平距离 a/mm	喷头溅水盘高于梁底、通风管道、排管、桥架腹面的最大垂直距离 b/mm
$1\ 200 \leqslant a < 1\ 500$	350
$1\ 500 \leqslant a < 1\ 800$	450
$1\ 800 \leqslant a < 2\ 100$	600
$a \geqslant 2\ 100$	880

(二)报警阀组

(1)报警阀组宜设在安全且便于操作、检修的地点，环境温度不低于 4 ℃且不高于 70 ℃，距室内地面宜为 1.2 m；两侧与墙距离≥0.5 m；正面与墙的距离≥1.2 m；凸出部位之间距离≥0.5 m；安装报警阀组的室内地面应有排水设施。

(2)湿式、干式、干湿式报警阀都要垂直安装。湿式报警阀与延时器、水力警铃、压力开关和试水阀等构成一个整体。

(3)每个报警阀组供水的最高与最低位置洒水喷头，其高程差不宜大于 50 m。

(三)水力警铃

(1)水力警铃应设在有人值班的地点附近或公共通道的外墙上。

(2)与报警阀连接的管道，其管径应为 20 mm，总长不宜大于 20 m，工作压力不应小于 0.05 MPa。

(四)水流指示器

(1)水流指示器安装应使电器元件部位竖直安在水平管道上侧，动作方向应和水流方向一致。

(2)在设置闭式自动喷水灭火系统的建筑内，每个防火分区和每个楼层均应设置水流指示器；当水流指示器入口前设置控制阀时，应采用信号阀。

(3)仓库内顶板下喷头与货架内喷头应分别设置水流指示器。

(五)压力开关

(1)压力开关一般垂直安装在延迟器与水力警铃之间的信号管道上。

(2)雨淋系统和防火分隔水幕的水流报警装置应采用压力开关。

(3)自动喷淋灭火系统应采用压力开关控制稳压泵，并应能调节启停压力。

(六)末端试水装置

(1)每个报警阀组控制的最不利点洒水喷头处应设末端试水装置，其他防火分区、楼层均应设置直径为 25 mm 的试水阀。

(2)末端试水装置应由试水阀、压力表和试水接头组成。试水接头出水口的流量系数应与系统同楼层或同防火分区选用的喷头相等。末端试水装置的出水，应采取孔口出流的方式排入排水管道，排水立管宜设伸顶通气管，且管径不应小于 75 mm。

(3)末端试水装置和试水阀应有标识，距地面的高度宜为 1.5m，并应采取不被他用的措施。

二、自动喷淋灭火系统管网组件工程量计算规则

(一)定额说明

黑龙江省《通用安装工程消耗量定额》(2019)第九册第一章内容包括水喷淋(雾)喷头、报警装置、水流指示器、温感式水幕装置、减压孔板、末端试水装置、集热板等安装。其关于自动喷淋灭火系统管网组件的有关说明如下。

1.报警装置安装

定额中报警装置区分湿式报警和其他报警两种形式。报警装置区分形式，规格按成套产品以“组”为计量单位；成套产品包括的内容如表 3.21 所示。

报警装置安装的定额中已包括装配管、泄放试验管及水力警铃出水管安装，水力警铃进水管按图示尺寸执行管道安装相应项目；其他报警装置适用于雨淋、干湿两用及预作用报警装置。

表 3.21 消防装置成套产品表

序号	项目名称	包括内容
1	湿式报警装置	湿式阀、蝶阀、装配管、供水压力表、装置压力表、试验阀、泄放试验管、泄放试验管、试验管流量计、过滤器、延时器、水力警铃、报警截止阀、漏斗、压力开关等
2	干湿两用报警装置	两用阀、蝶阀、装配管、加速器、加速器压力表、供水压力表、试验阀、泄放试验阀(湿式)、泄放试验阀(干式)、挠性接头、泄放试验管、试验管流量计、排气阀、截止阀、漏斗、过滤器、延时器、水力警铃、压力开关等
3	电控雨淋报警装置	雨淋阀、蝶阀、装配管、压力表、泄放试验阀、流量表、截止阀、注水阀、止回阀、电磁阀、排水阀、手动应急球阀、报警试验阀、漏斗、压力开关、过滤器、水力警铃等
4	预作用报警装置	报警阀、控制蝶阀、压力表、流量表、截止阀、排放阀、注水阀、止回阀、泄放阀、报警试验阀、液压切断阀、装配管、供水检验管、气压开关、试压电磁阀、空压机、应急手动试压器、漏斗、过滤器、水力警铃等

(2)喷头、报警装置及水流指示器安装定额均按管网系统试压、冲洗合格后安装考虑，定额中已包括丝堵、临时短管的安装、拆除及摊销。

(3)温感式水幕装置安装的定额中已包括给水三通至喷头、阀门间的管道、管件、阀门、喷头等全部安装内容，但管道的主材数量按设计管道中心长度另加损耗计算；喷头数量按设

计数量另加损耗计算。

(二)工程量计算规则

(1)喷头、水流指示器、减压孔板、集热板按设计图示数量计算,按安装部位、方式、分规格以“个”为计量单位。

(2)报警装置按设计图示数量计算。报警装置分形式,按成套产品以“组”为计量单位。

(3)末端试水装置按设计图示数量计算,分规格以“组”为计量单位。

(4)温感式水幕装置安装以“组”为计量单位。

三、自动喷淋灭火系统管网组件清单设置

《通用安装工程工程量计算标准》中附录J是针对消防工程的工程量清单项目。其中,表J.1.1是专门针对水灭火系统的相关清单项目,与消防设备相关的清单项目如下。

表J.1.1 水灭火系统(编码:030901)

项目编码	项目名称	项目特征	计量单位	工程量计算规则	工作内容
030901003	水喷淋(雾)喷头	1.安装部位 2.材质、型号、规格 3.连接形式 4.装饰盘设计要求	个	按设计图示数量计算	1.本体安装 2.装饰盘安装 3.严密性试验
030901004	报警装置	1.名称 2.型号、规格	组		1.本体安装 2.电气接线
030901005	温感式水幕装置	1.型号、规格 2.连接形式			
030901006	水流指示器	1.规格、型号 2.连接形式	个		
030901007	减压孔板	1.材质、规格 2.连接形式			本体安装
030901008	末端试水装置	1.规格 2.组装形式	组		1.本体安装 2.电气接线
030901009	集热盘	1.材质 2.规格	个		本体安装

续表3.1

项目编码	项目名称	项目特征	计量单位	工程量计算规则	工作内容

注：1. 水喷淋(雾)喷头安装部位应区分有吊顶、无吊顶。

2. 报警装置适用于湿式报警装置、干湿两用报警装置、电动雨淋报警装置、预作用报警装置等报警装置安装。报警装置安装包括装配管(除水力警铃进水管)的安装,水力警铃进水管并入消防管道工程量。其中,湿式、干湿两用、电动雨淋、预作用等报警装置包括的内容见表 3.21。

3. 温感式水幕装置,包括给水三通至喷头、阀门间的管道、管件、阀门、喷头等全部内容的安装。

4. 末端试水装置,包括压力表、控制阀等附件安装。末端试水装置安装中不含连接管及排水管安装,其工程量并入消防管道。

学生工作页

一、任务书

(1)扫描二维码,根据所给电子版 CAD 图,盘点自动喷淋灭火系统管网组件工程量,填入表 3.24 中;

(2)根据《通用安装工程工程量计算标准》中表 J.1.1 的规定,编制自动喷淋灭火系统管网组件工程量清单项目,填入表 3.25 中。

二、任务分组

表 3.22　学生任务分配表

<table>
<tr><td>任务名称</td><td colspan="3"></td><td>指导教师</td><td></td></tr>
<tr><td>班级</td><td colspan="2"></td><td>组别</td><td colspan="2"></td></tr>
<tr><td>角色</td><td>姓名</td><td>学号</td><td colspan="3">任务分工</td></tr>
<tr><td>组长</td><td></td><td></td><td colspan="3"></td></tr>
<tr><td rowspan="8">组员</td><td></td><td></td><td colspan="3"></td></tr>
<tr><td></td><td></td><td colspan="3"></td></tr>
<tr><td></td><td></td><td colspan="3"></td></tr>
<tr><td></td><td></td><td colspan="3"></td></tr>
<tr><td></td><td></td><td colspan="3"></td></tr>
<tr><td></td><td></td><td colspan="3"></td></tr>
<tr><td></td><td></td><td colspan="3"></td></tr>
<tr><td></td><td></td><td colspan="3"></td></tr>
</table>

续表3.22

任务名称		指导教师	

备注：

三、获取信息

通过线上微课、线下知识点课堂学习讨论，查阅文献资料等获取信息，提升自主学习能力。

引导问题1：自动喷淋灭火系统管网各组件的设置要求及功能是什么？

引导问题2：遵守规则，自动喷淋灭火系统管网组件的计量规则、计量方法及注意事项有哪些？

拓展问题1：如何规范操作自动喷淋灭火系统管网组件清单项目五要素设置？应注意什么？

四、工作计划

整理总结获取的资讯，制定自动喷淋灭火系统管网组件工程量清单编制工作方案，包括前期准备资料整理、依据规则及方法计量、清单五要素设置等。完成表 3.23。

表 3.23　自动喷淋灭火系统管网组件工程量清单编制工作方案

步骤	工作内容	负责人
总结修正		

五、工作实施

实施步骤 1：通读设计说明，清楚条款规定；小组分工在施工图上找到自动喷淋灭火系统管网各组件位置并弄清其功能；进一步熟悉定额。

实施步骤 2：依据定额规定盘点自动喷淋灭火系统管网各组件，并掌握应注意的事项。

实施步骤3:得到上述计算结果后,设置自动喷淋灭火系统管网各组件清单五要素。

实施步骤4:团队协作填写自动喷淋灭火系统管网各组件工程量计算表和分部分项工程量清单表,如表3.24和表3.25所示。

表3.24 工程量计算表

工程名称: 班级: 组别:

序号	项目名称	计 算 式	计量单位	工程量

表 3.25　分部分项工程量清单表

工程名称：　　　　　　　　　　班级：　　　　　　组别：　　　　　　　第　页　共　页

序号	项目编码	项目名称	项目特征描述	计量单位	工程量

六、评价反馈

完成学生自我评估与组内成员互评、教师评价，如表 3.26 和表 3.27 所示。

表 3.26　学生自我评估与组内成员互评表

<table>
<tr><td>任务名称</td><td colspan="4"></td><td>班级</td><td colspan="3"></td></tr>
<tr><td>组别</td><td colspan="2"></td><td>角色</td><td colspan="2"></td><td>受评者</td><td colspan="3"></td></tr>
<tr><td rowspan="2">序号</td><td rowspan="2">评估项目</td><td rowspan="2">分值</td><td rowspan="2">自我评定</td><td colspan="5">组内评定</td></tr>
<tr><td>组员 1</td><td>组员 2</td><td>组员 3</td><td>组员 4</td><td>组员 5</td></tr>
<tr><td>1</td><td>是否按时按要求完成任务</td><td>10</td><td></td><td></td><td></td><td></td><td></td><td></td></tr>
<tr><td>2</td><td>收集信息和资料的完善程度</td><td>20</td><td></td><td></td><td></td><td></td><td></td><td></td></tr>
<tr><td>3</td><td>计量规则是否掌握，方法运用是否得当</td><td>30</td><td></td><td></td><td></td><td></td><td></td><td></td></tr>
<tr><td>4</td><td>是否能独立设置自喷系统组件清单项目</td><td>20</td><td></td><td></td><td></td><td></td><td></td><td></td></tr>
<tr><td>5</td><td>任务执行过程中操作是否规范</td><td>10</td><td></td><td></td><td></td><td></td><td></td><td></td></tr>
<tr><td>6</td><td>团队协作是否顺畅</td><td>10</td><td></td><td></td><td></td><td></td><td></td><td></td></tr>
<tr><td colspan="3" rowspan="2">评价得分</td><td rowspan="2"></td><td></td><td></td><td></td><td></td><td></td></tr>
<tr><td colspan="5">互评平均得分：</td></tr>
</table>

续表3.26

<table>
<tr><td>任务名称</td><td colspan="2"></td><td>班级</td><td></td></tr>
<tr><td colspan="3" rowspan="3">自我评价：</td><td>非常满意</td><td></td></tr>
<tr><td>满意</td><td></td></tr>
<tr><td>不满意</td><td></td></tr>
<tr><td colspan="5">总结与反思：</td></tr>
</table>

表 3.27　教师评价表

<table>
<tr><td>任务名称</td><td colspan="3"></td><td>班级</td><td></td></tr>
<tr><td>组别</td><td></td><td>角色</td><td></td><td>实训者</td><td></td></tr>
<tr><td>序号</td><td colspan="3">评价指标</td><td>分值</td><td>考核评定</td></tr>
<tr><td>1</td><td>自动喷淋组件设置要求</td><td colspan="2">自动喷淋组件设置要求掌握程度</td><td>20</td><td></td></tr>
<tr><td>2</td><td>自喷系统组件计量</td><td colspan="2">自喷系统组件计量规则掌握得是否清楚，计算方法是否运用得当</td><td>20</td><td></td></tr>
<tr><td>3</td><td>自喷系统组件清单设置</td><td colspan="2">清单五要素设置是否准确，项目特征描述是否详尽</td><td>30</td><td></td></tr>
<tr><td>4</td><td>工作中存在的实际问题</td><td colspan="2">在遇到问题时分析解决问题能力是否具备</td><td>20</td><td></td></tr>
<tr><td>5</td><td>工作态度</td><td colspan="2">是否认真严谨、一丝不苟</td><td>10</td><td></td></tr>
<tr><td colspan="5">得分</td><td></td></tr>
</table>

存在问题分析：

指导教师：　评价时间：

任务 4　消防管道支架计量

学习目标

1. 掌握管道支架的类型、计算步骤、计量规则及计算方法；
2. 能正确对消防管道支架计量，会编制相应工程量清单。

素质目标

建立工程思维，做事有计划，有总结。

学习要点

1. 管道支架手算方法、计算步骤及计算公式；
2. 计算管道支架的相关参数获取；
3. 计量消防管道支架时，型钢规格确定是关键，注意安装形式决定个重。

知识点链接

一、管道支架的作用及类型

管道支架是指对管道有支承作用，或者可以限制管道变形和位移的，由各种型钢组合而成的一种结构件。按照对管道的制约情况，管道支架可分为固定支架和活动支架。

(一)固定支架

固定支架是指限制管道在支撑点处发生径向和轴向位移的管道支架。它不仅承受管道、附件、管内介质等重力的作用，还要承受管道因温度、压力变化而产生的伸缩推力和变形应力，所以固定支架必须有足够的强度。常用的固定支架有卡环式和挡板式两种，如图 3.2 所示。

(二)活动支架

活动支架是指允许管道在支撑点有位移的管道支架。活动支架的类型较多，有滑动支架、导向支架、滚动支架、吊架、托钩及立管卡等。

1. 滑动支架

管道在横梁上可以自由移动，主要承重构件是横梁。滑动支架如图 3.3 所示。

2. 导向支架

导向支架是为使管道在支架上滑动时不致偏移管道轴线而设置的，只允许管道有轴向位移，如图 3.4 所示。

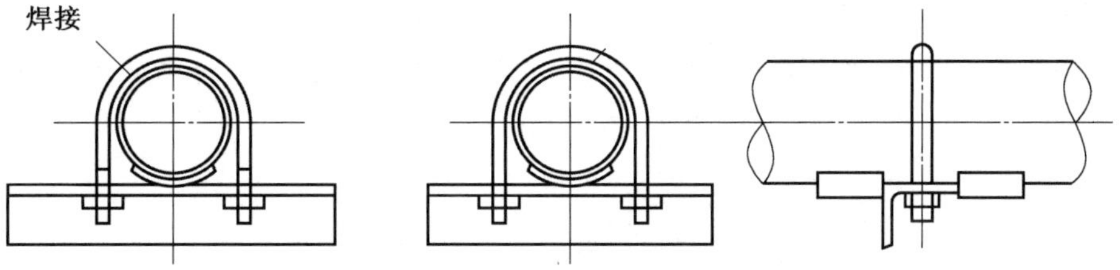

(a) 卡环式

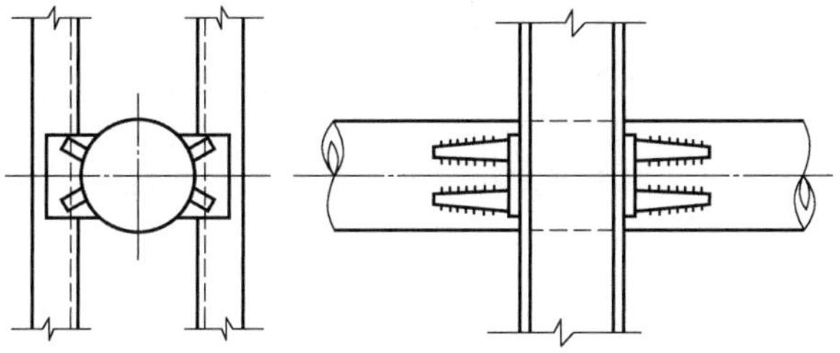

(b) 挡板式

图 3.2 固定支架

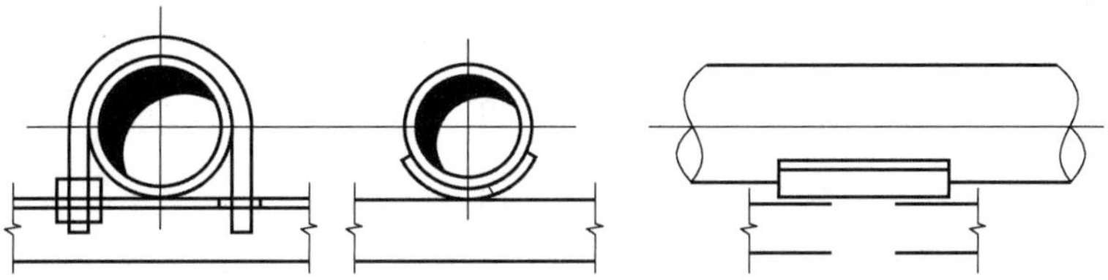

(a) 不保温管道的低支架

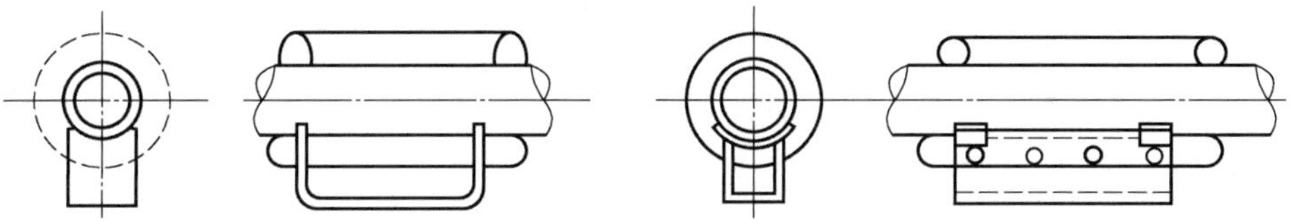

(b) 保温管道的高支架

图 3.3 滑动支架

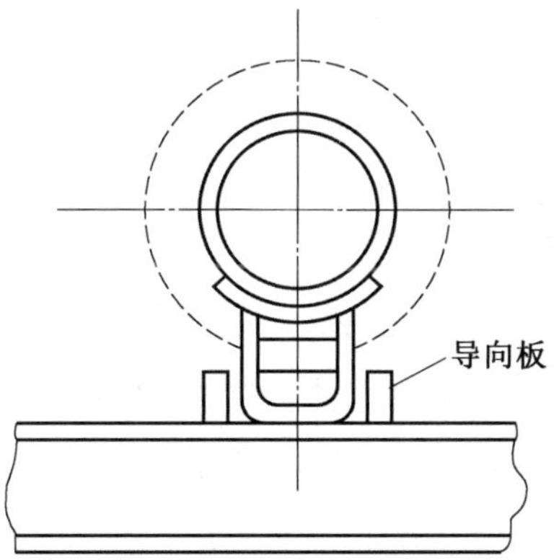

图 3.4 导向支架

3.滚动支架

滚动支架是以滚动摩擦代替滑动摩擦,可以减小管道热伸缩时摩擦力的支架,如图 3.5 所示。

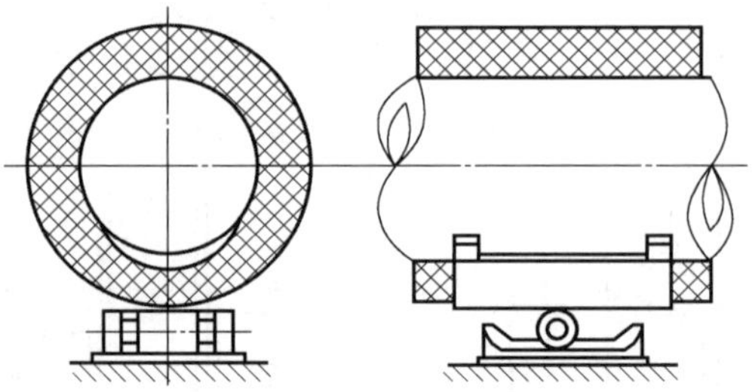

图 3.5　滚动支架

4.吊架、托钩及立管卡

吊架、托钩及立管卡也属于支架,如图 3.6 和图 3.7 所示。

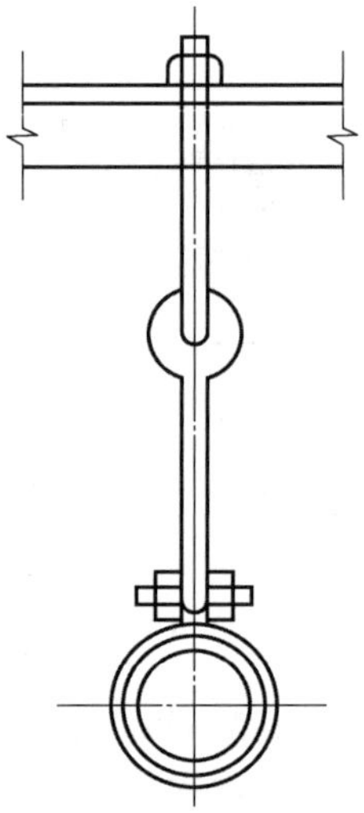

图 3.6　吊架

二、管道支架计量

(一)管道支架计量规则

管道支架制作安装应区分支架的形式、规格,如图 3.8 所示,以"kg"为计量单位。

管道支架制作安装中,室内镀锌及焊接钢管(螺纹连接)公称直径 DN32 mm 以下的钢管安装工程已包括托钩及立管卡制作安装,不得另行计算;公称直径 DN32 mm 以上的,可另行计算。

(二)管道支架手工算量

室内管道支架的计算方法及步骤如下。

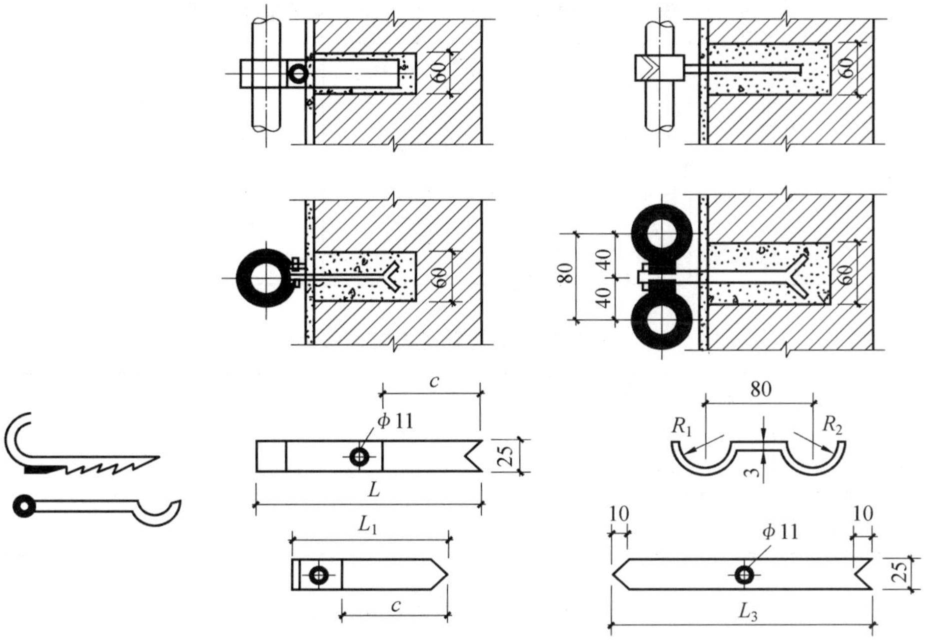

图 3.7 托钩及立管卡

第一步 确定支架数量

(1)立管的支架按国家标准中支架设置原则计算其个数；

(2)水平管道支架个数可查“管道支架最大间距表”，根据《建筑给水排水及采暖施工质量验收规范》及《自动喷淋灭火系统施工及验收规范》确定，如表 3.28～3.32 所示。钢管水平安装的支、吊架间距不应大于表 3.28 的规定。

计算公式如下：

$$\text{单管活动支架个数}=\frac{\text{某规格管子的长度}}{\text{该规格管子的最大支架间距}}-\text{该管段固定支架个数}$$

(得数有小数就进 1 取整) (3.1)

$$\text{多管活动支架个数}=\frac{\text{共架管段长度}}{\text{其中较细管的最大支架间距}}-\text{该管上固定支架的个数}$$

(得数有小数就进 1 取整) (3.2)

表 3.28 钢管管道支架的最大间距

公称直径/mm		15	20	25	32	40	50	70	80	100	125	150	200	250	300
最大间距/m	保温管	2	2.5	2.5	2.5	3	3	4	4	4.5	6	7	7	8	8.5
	不保温管	2.5	3	3.5	4	4.5	5	6	6	6.5	7	8	9.5	11	12

表 3.29　塑料管及复合管管道支架的最大间距

管径/mm			12	14	16	18	20	25	32	40	50	63	75	90	110
最大间距/mm	立管		0.5	0.6	0.7	0.8	0.9	1.0	1.1	1.3	1.6	1.8	2.0	2.2	2.4
	水平管	冷水管	0.4	0.4	0.5	0.5	0.6	0.7	0.8	0.9	1.0	1.1	1.2	1.35	1.55
		热水管	0.2	0.2	0.25	0.3	0.3	0.35	0.4	0.5	0.6	0.7	0.8		

表 3.30　铜管管道支架的最大间距

公称直径/mm		15	20	25	32	40	50	65	80	100	125	150	200
支架的最大间距/m	立管	1.8	2.4	2.4	3.0	3.0	3.0	3.5	3.5	3.5	3.5	4.0	4.0
	水平管	1.2	1.8	1.8	2.4	2.4	2.4	3.0	3.0	3.0	3.0	3.5	3.5

表 3.31　不锈钢管道支架的最大间距

公称直径 DN/mm	25	32	40	50～100	150～300
水平管/m	1.8	2.0	2.2	2.5	3.5
立管/m	2.2	2.5	2.8	3.0	4.0

表 3.32　沟槽连接管道支架的最大间距

公称直径/mm	最大支承间距/m
65～100	3.5
125～200	4.2
250～315	5.0

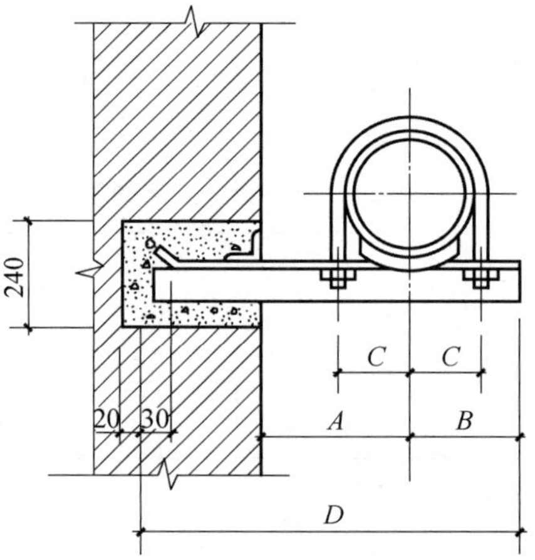

图 3.8　单管支架形式

第二步 计算单个支架质量

根据设计支架形式(固定、活动),确定支架所用型钢种类、规格,如表 3.33～3.35 所示,可查《建筑安装工程施工图集》。

计算公式如下:

$$单个支架质量 = \sum_{i=1}^{n}(规格型钢长度 \times 量) \tag{3.3}$$

表 3.33 支架横梁尺寸表(mm)

公称直径 DN		15	20	25	32	40	50	65	80	100	125	150
尺寸	A	150	150	150	150	150	150	160	160	170	180	180
	B	40	40	50	50	60	60	70	80	80	100	110
	C	16	19	23	28	30	36	45	52	62	75	89
	D	330	330	350	370	380	400	420	450	470	520	530
	E	—	—	—	—	—	—	—	160	180	180	200

表 3.34 材料规格表

公称直径 DN			15—20	25—320	40	50	65	80	100	125	150
件号	名称	件数	材料规格								
1	横梁	1	∟ 36×4	∟ 40×4	∟ 50×5	∟ 50×6	∟ 63×5	∟ 63×6	∟ 80×6	∟ 80×8	∟ 90×8
2	加固梁	1	—	—	—	—	—	∟ 63×6	∟ 63×6	∟ 63×8	∟ 63×8
3	横梁	1	∟ 40×4	∟ 40×4	∟ 50×5	∟ 63×5	∟ 63×6	∟ 75×6	∟ 80×6	∟ 80×8	∟ 90×8
4	短横梁	1	∟ 40×4	∟ 40×4	∟ 50×5	∟ 63×5	∟ 63×6	∟ 75×6	∟ 80×6	∟ 80×8	∟ 90×8
5	双头螺栓	2	M10	M10	M12	M12	M16	M16	M16	M16	M20
6	螺母	4	M10	M10	M12	M12	M16	M16	M16	M16	M20
7	垫圈	4	ϕ10	ϕ10	ϕ12	ϕ12	ϕ16	ϕ16	ϕ16	ϕ16	ϕ20
8	管卡	1	M8	M10	M10	M10	M12	M12	M12	M16	M16
9	螺母	2	M8	M10	M10	M10	M12	M12	M12	M16	M16
10	垫圈	2	ϕ8	ϕ10	ϕ10	ϕ10	ϕ12	ϕ12	ϕ12	ϕ16	ϕ16
11	限位块	2									

表 3.35 管卡圆钢展开长度(mm)

公称直径 DN	15	20	25	32	40	50	65	80	100	125	150
滑动支架	124	141	167	198	208	239	285	321	383	463	531
固定支架	144	160	176	214	224	255	309	345	407	488	557

第三步 确定管道支架总重

$$管道支架总重 = \sum_{i=1}^{n}（规格管道支架个数 \times 管道支架个重） \quad (3.4)$$

(三)管道支架指标估算

室内供暖工程管道所用支架可以依据《通用安装工程消耗量定额》的附录中支架用量参考表计算，如表 3.36 所示。

表 3.36 室内钢管、铸铁管道支架用量参考表

单位:kg/m

序号	公称直径/mm	钢管			铸铁管	
		给水、采暖、空调水		燃气	给水、排水	雨水
		保温	不保温			
1	15	0.58	0.34	0.34	—	—
2	20	0.47	0.3	0.3	—	—
3	25	0.5	0.27	0.27	—	—
4	32	0.53	0.24	0.24	—	—
5	40	0.47	0.22	0.22	—	—
6	50	0.6	0.41	0.41	0.47	—
7	65	0.59	0.42	0.42	—	—
8	80	0.62	0.45	0.45	0.65	0.32
9	100	0.75	0.54	0.5	0.81	0.62
10	125	0.75	0.58	0.54	—	—
11	150	1.06	0.64	0.59	1.29	0.86
12	200	1.66	1.33	1.22	1.41	0.97
13	250	1.76	1.42	1.3	1.6	1.09
14	300	1.81	1.48	1.35	2.03	1.2
15	350	2.96	2.22	2.03	3.12	—
16	400	3.07	2.36	2.16	3.15	—

(四)自动喷淋灭火系统管道支架设置要求

(1)自动喷水管道支架、吊架的安装位置不应妨碍喷头的喷水效果；管道支架、吊架与喷头之间的距离不宜小于 300 mm；与末端喷头之间的距离不宜大于 750 mm。

(2)配水支管上每一直管段、相邻两喷头之间的管段设置的吊架均不宜少于 1 个，吊架的间距不宜大于 3.6 m。

(3)当管道的公称直径≥50 mm 时，每段配水干管或配水管设置防晃支架不应少于 1 个，且防晃支架的间距不宜大于 15 m；当管道改变方向时，应增设防晃支架。

(4)竖直安装的配水干管除中间用管卡固定外，还应在其始端和终端设防晃支架或采用管卡固定，其安装位置距地面或楼面的距离宜为1.5～1.8 m。

三、管道支架清单设置

《通用安装工程工程量计算标准》中附录N是针对其他及附属工程的工程量清单项目。管道支架清单项目设置需要依据计量标准规定进行编制，见表N.1.1。

表N.1.1　其他及附属工程(编码:031302)

项目编码	项目名称	项目特征	计量单位	工程量计算规则	工作内容
031301004	成品支架	1.名称 2.规格 3.支架形式 4.时起时伏年支架质量	套		1.放线、定位 2.组装 3.安装
031301005	支/吊架、基础型钢	1.名称 2.材质 3.规格 4.支架形式 5.单件支架质量	kg	按设计图示尺寸以质量计算	1.制作 2.安装

学生工作页

一、任务书

(1)扫描二维码，根据所给电子版CAD图，计算消防工程管道支架工程量，填入表3.39中；

(2)根据《通用安装工程工程量计算标准》中表N.1.1的规定，编制消防工程管道支架工程量清单项目，填入表3.40中。

二、任务分组

表3.37　学生任务分配表

任务名称				指导教师	
班级			组别		
角色	姓名	学号	任务分工		
组长					

续表3.37

任务名称			指导教师	
组员				

备注：

三、获取信息

通过线上微课、线下知识点课堂学习讨论，查阅文献资料等获取信息，提升自主学习能力。

引导问题1：运用工程思维分析设计说明条款，如何确定本项目管道支架的类型？

引导问题2：遵守规则规定，消防工程管道支架的计量规则、计量方法及注意事项有哪些？

拓展问题1：如何规范操作消防工程管道支架清单项目五要素设置？应注意什么？

四、工作计划

整理、总结按照获取的资讯，制定消防工程管道支架工程量清单编制工作方案，包括前期准备资料整理、依据规则及方法计量、清单五要素设置等。完成表3.38。

表3.38　消防工程管道支架工程量清单编制工作方案

步骤	工作内容	负责人
总结修正		

五、工作实施

实施步骤1：通读设计说明，清楚条款规定，确定支架安装的类型；小组分工查阅资料，确定相关参数；进一步熟悉定额。

实施步骤2：严格遵照定额规则规定，按照计算步骤科学计算消防工程管道支架工程量，并掌握应注意的事项。

实施步骤 3:在上述计算结果的基础上,规范设置消防工程管道支架清单五要素。

实施步骤 4:团队协作填写消防工程管道支架工程量计算表和分部分项工程量清单表,如表 3.39 和表 3.40 所示。

表 3.39　工程量计算表

工程名称:　　　　　　　　　班级:　　　　　　　　　组别:

序号	项目名称	计　算　式	计量单位	工程量

表 3.40　分部分项工程量清单表

工程名称：　　　　　　　　　　　　班级：　　　　　　　组别：　　　　　　　　第　页　共　页

序号	项目编码	项目名称	项目特征描述	计量单位	工程量

六、评价反馈

完成学生自我评估与组内成员互评、教师评价，如表 3.41 和表 3.42 所示。

表 3.41　学生自我评估与组内成员互评表

任务名称				班级			
组别		角色		受评者			
序号	评估项目	分值	自我评定	组内评定			
				组员 1	组员 2	组员 3	组员 4	组员 5
1	是否按时按要求完成任务	10						
2	收集信息和资料的完善程度	20						
3	消防管道支架计量规则、计算方法及计算公式是否掌握	30						
4	是否能独立设置消防管道支架清单项目	20						
5	任务执行过程中操作是否规范	10						
评价得分								
				互评平均得分：				
自我评价：							非常满意	
							满意	
							不满意	

续表3.41

任务名称		班级	

总结与反思：

表 3.42 教师评价表

任务名称				班级	
组别		角色		实训者	
序号	评价指标			分值	考核评定
1	消防管道 支架计量	消防管道支架计量规则掌握得是否清楚，计算方法及公式是否运用得当		20	
2	消防管道 支架清单设置	清单五要素设置是否准确，项目特征描述是否详尽		30	
3	自喷管道 支架设置规定	是否掌握自喷管道支架设置规定		20	
4	工作中存在 的实际问题	在遇到问题时分析解决问题能力是否具备		20	
5	工作态度	是否认真严谨、求真务实		10	
得分					

存在问题分析：

指导教师：　　评价时间：

任务5 除锈、刷油及绝热工程计量

学习目标

1. 掌握需除锈刷油及绝热的材质和部位,计量规则及计算公式;
2. 能正确计量管道及支架除锈、刷油及绝热,会编制相应的工程量清单。

素质目标

1. 培养劳动意识、劳动精神;
2. 培养良好的信息素养,具备获取有效信息的能力。

学习要点

1. 精准判断除锈、刷油及绝热部位,不丢项,不漏量;
2. 计算管道及支架除锈、刷油及绝热工程的相关参数获取;
3. 掌握手算方法、计算步骤及计算公式;
4. 项目特征描述要详尽、全面;

知识点链接

一、除锈、刷油及绝热概述

(一)除锈工程

除锈工程分为手工除锈、机械除锈和化学除锈。

手工除锈:一般用手锤敲击或用钢丝刷、废砂轮片等去掉污垢。

机械除锈:用电动砂轮、风动刷、电动旋转钢丝刷、电动除锈机等机械进行除锈。

化学除锈:主要利用酸与金属氧化物发生化学反应,从而除掉金属表面锈蚀。

其中,喷射除锈过的钢材表面分为 Sa2、Sa2.5 和 Sa3 三级:

(1)Sa2 级:彻底的喷射或抛射除锈。

(2)Sa2.5 级:非常彻底的喷射或抛射除锈。

(3)Sa3 级:使钢材表观洁净的喷射或抛射除锈,钢材表面应无可见的油脂、污垢、氧化皮、铁锈和油漆层等附着物,该表面应显示均匀的金属色泽。

动力工具和手工除锈用 St 表示,分为两个标准。

(1)St2 标准:钢材表面应无可见的油脂和污垢,并且没有附着不牢的氧化皮、铁锈和油漆涂层等附着物。

(2)St3 标准:钢材表面应无可见的油脂和污垢,并且没有附着不牢的氧化皮、铁锈和油漆涂层等附着物。除锈应比 St2 标准更为彻底，底材显露出部分的表面应具有金属光泽。

(二)刷油工程

刷油工程即在设备或构件表面进行刷油处理，形成一层保护性的油膜，降低设备表面之间的摩擦系数，减少能量损耗和磨损。消防工程中涉及的项目包括消防管道、支架等。

(三)绝热工程

绝热材质按照成分不同分为有机材料和无机材料两大类。

1. 无机材料

无机材料大多具备不腐烂、不燃烧、耐高温等特点，如石棉、珍珠岩、玻璃纤维、泡沫混凝土和硅酸钙等。

2. 有机材料

有机材料多用在低温保冷工程中，如聚苯乙烯泡沫塑料、牛毛毡等，但这种材料不耐高温，吸湿时易腐烂。

二、除锈、刷油及绝热工程计量

(一)除锈、刷油工程

1. 管道或设备筒体除锈、刷油

管道或设备筒体除锈、刷油，以“m^2”为计量单位。

$$S=\pi DL \tag{3.5}$$

式中 S——管道或筒体外表面积，m^2；

D——设备或管道外径，m；

L——设备筒体或管道长度，m。

为简化计算设备筒体、管道表面积，可采用查表的方法，如表 3.43～3.44 所示。

表 3.43 每 100 m 焊接钢管刷油绝热与保护层工程量计算表

公称直径/mm	绝热层厚度/mm										
	0	20		25		30		40		50	
	钢管表面积/m^2	绝热层体积/m^3	保护层面积/m^2	绝热层体积/m^3	保护层面积/m^2	绝热层体积/m^3	保护层面积/m^2	绝热层体积/m^3	保护层面积/m^2	绝热层体积/m^3	保护层面积/m^2
15	6.69	0.27	22.46	0.38	25.76	0.51	29.06	0.81	35.66	1.18	42.25
20	8.42	0.31	24.19	0.43	27.49	0.56	30.79	0.88	37.39	1.27	43.98
25	10.53	0.35	26.30	0.48	29.59	0.63	32.89	0.97	39.49	1.38	46.09
32	13.29	0.41	29.06	0.55	32.36	0.71	35.66	1.09	42.25	1.52	48.85
40	15.08	0.45	30.85	0.60	34.15	0.77	37.45	1.16	44.05	1.62	50.64

续表3.43

公称直径/mm	绝热层厚度/mm										
	0	20		25		30		40		50	
	钢管表面积/m²	绝热层体积/m³	保护层面积/m²	绝热层体积/m³	保护层面积/m²	绝热层体积/m³	保护层面积/m²	绝热层体积/m³	保护层面积/m²	绝热层体积/m³	保护层面积/m²
50	18.85	0.52	34.62	0.70	37.92	0.89	41.22	1.32	47.82	1.81	54.41
70	23.72	0.52	39.49	0.82	42.79	1.04	46.09	1.52	52.68	2.06	59.28
80	27.81	0.71	43.57	0.93	46.87	1.16	50.17	1.69	56.77	2.27	63.37
100	35.82	0.87	51.59	1.13	54.88	1.41	58.18	2.02	64.78	2.69	71.38
125	43.98	1.04	59.75	1.35	63.05	1.66	66.35	2.35	72.95	3.11	79.55
150	51.84	1.21	67.61	1.55	70.91	1.91	74.20	2.68	80.80	3.52	87.40
200	68.80	1.56	84.57	1.99	87.87	2.43	91.17	3.38	97.77	4.39	104.36

表3.44 每100 m无缝钢管刷油绝热与保护层工程量计算表

公称直径/mm	绝热层厚度/mm										
	0	20		25		30		40		50	
	钢管表面积/m²	绝热层体积/m³	保护层面积/m²	绝热层体积/m³	保护层面积/m²	绝热层体积/m³	保护层面积/m²	绝热层体积/m³	保护层面积/m²	绝热层体积/m³	保护层面积/m²
22	6.91	0.28	22.68	0.39	25.98	0.52	29.28	0.82	35.88	1.20	42.47
28	8.79	0.32	24.57	0.43	27.87	0.58	31.16	0.90	37.76	1.29	44.36
32	10.10	0.34	25.82	0.46	29.12	0.61	32.42	0.96	39.02	1.35	45.62
38	11.93	0.38	27.71	0.52	31.01	0.67	34.31	1.03	40.90	1.46	47.50
45	14.13	0.41	29.91	0.58	33.21	0.74	36.51	1.12	43.10	1.57	49.70
57	17.90	0.51	33.66	0.67	36.96	0.86	40.25	1.27	46.86	1.77	53.44
73	22.92	0.61	38.68	0.81	41.98	1.01	45.28	1.49	51.87	2.02	58.47
89	27.95	0.71	43.71	0.93	47.01	1.17	50.30	1.69	56.90	2.28	63.49
108	33.91	0.84	49.67	1.08	52.97	1.35	51.27	1.94	62.86	2.57	69.46
133	48.10	1.00	57.52	1.29	60.82	1.59	64.12	2.26	70.71	3.00	77.31
159	50.00	1.17	65.69	1.50	68.99	1.85	72.28	2.60	78.88	3.42	85.47
219	68.80	1.56	84.53	1.98	87.82	2.43	91.12	3.38	97.72	4.39	104.31
273	85.80	1.90	101.48	2.43	104.78	2.95	108.08	4.08	114.67	5.27	121.27
325	102.10	2.24	117.81	2.84	121.11	3.46	124.41	4.75	131.00	6.11	137.59
377	188.40	2.58	134.21	3.26	137.51	3.98	140.81	5.43	147.40	6.95	154.00

2. 一般金属结构除锈、刷油

一般金属结构除锈、刷油，以“kg”为计量单位。

定额相关说明如下。

(1)手工、动力工具除锈锈蚀标准分为轻、中两种。

(2)各种管件、阀件及设备上人孔、管口凸凹部分的除锈已综合考虑在定额内，不另行计算。

(3)定额金属面刷油不包括除锈工作内容。

(4)各种管件、阀件和设备上人孔、管口凹凸部分的刷油已综合考虑在定额内，不另行计算。

(5)标志色环等零星刷油，执行定额相应项目，其人工乘系数 2.0。

(6)定额中的刷油项目如实际采用喷涂施工时，执行刷油子目人工乘系数 0.45，材料乘系数 1.16，增加喷涂机械电动空气压缩机 3 m^3/min(其台班消耗量为调整后的合计工日的消耗量)。

(二)绝热工程

设备筒体或管道绝热、防潮和保护层计算公式如下：

$$V=\pi[(D+1.03\delta)\times 1.03\delta L] \tag{3.6}$$

$$S=\pi(D+2.1\delta)L \tag{3.7}$$

式中 V——绝热层体积，m^3；

S——保护层、防潮层面积，m^2；

D——直径，m；

1.03，2.1——调整系数；

δ——绝热层厚度，m；

L——设备筒体或管道，m。

设备筒体、管道绝热、防潮和保护层计算，可采用查表的方法，如表 3.43～3.44 所示。

定额相关说明如下。

(1)管道绝热工程中，均已包括管件保温，阀门、法兰保温除棉席(被)类、纤维类散状保温材料单列定额项目外，其他保温材料项目中均已考虑阀门、法兰保温，其工程量应按定额附表中给定的数量计算，执行相应的管道绝热定额项目。

(2)设备绝热工程，在计算工程量时不扣除人孔、接管开孔面积。

(3)聚氨酯泡沫塑料安装子目执行泡沫塑料相应子目。

(4)保温卷材安装执行相同材质的板材安装项目，其人工、铁线消耗量不变，但卷材用量损耗率按 3.1%考虑。

(5)复合成品材料安装执行相同材质瓦块(或管壳)安装项目。复合材料分别安装时应按分层计算。

三、除锈、刷油及绝热工程清单设置

《通用安装工程工程量计算标准》中附录 M 是针对刷油、防腐蚀、绝热工程的工程量清单项目。室内供暖工程清单项目设置需要依据计量标准规定进行编制。

1. 刷油工程

刷油工程清单项目如表 M. 1. 1 所示。

表 M. 1. 1 刷油工程(编码:031201)

项目编码	项目名称	项目特征	计量单位	工程量计算规则	工作内容
031201001	管道刷油	1. 除锈级别 2. 油漆品种 3. 涂刷遍数、漆膜厚度 4. 方式、品种 5. 管道外径	m	按设计图示中心线长度计算	1. 除锈 2. 调配、涂刷
031201002	设备与矩形管道刷油	1. 除锈级别 2. 油漆品种 3. 涂刷遍数、漆膜厚度 5. 标志色方式、品种	m^2	按设计图示表面积计算	
031201003	金属结构刷油	1. 除锈级别 2. 油漆品种 3. 结构类型 4. 涂刷遍数,漆膜厚度	kg	按设计图示金属结构理论质量计算	
			m^2	按设计图示表面积计算	

注:1. 管道刷油以 m 计量,按图示中心线以延长米计算,不扣除附属构筑物,管件及阀门等所占长度。

2. 结构类型:指涂刷金属结构的类型,如一般钢结构、管廊钢结构、H 型钢钢结构等类型。

2. 绝热工程

绝热工程清单项目如表 M. 8. 1 所示。

表 M. 8. 1 绝热工程(编码:031208)

项目编码	项目名称	项目特征	计量单位	工程量计算规则	工作内容
031208002	其他管道绝热	1. 绝热材料品种 2. 绝热厚度 3. 管道外径 4. 软木品种	m^3	按设计图示表面积加绝热层厚度及调整系数计算	1. 安装 2. 软木制品安装
031208007	防潮层、保护层	1. 材料 2. 厚度 3. 层数 4. 对象 5. 结构形式	m^2	按设计图示表面积加绝热层厚度及调整系数计算	安装

注:1. 层数指一布二油、两布三油等。

2. 对象指设备、管道、通风管道、阀门、法兰、钢结构。

3. 结构形式指钢结构:一般钢结构、H 型钢钢结构、管廊钢结构。

4. 如设计要求保温、保冷分层施工需注明。

学生工作页

一、任务书

(1)扫描二维码,根据所给电子版CAD图,计算消防工程除锈、刷油及绝热工程量,填入表3.47中;

(2)根据《通用安装工程工程量计算规范》中表M.1.1和表M.8.1规定,编制消防工程除锈、刷油及绝热工程量清单项目,填入表3.48中。

二、任务分组

表3.45　学生任务分配表

<table>
<tr><td>任务名称</td><td colspan="3"></td><td>指导教师</td><td></td></tr>
<tr><td>班级</td><td colspan="2"></td><td>组别</td><td colspan="2"></td></tr>
<tr><td>角色</td><td>姓名</td><td>学号</td><td colspan="3">任务分工</td></tr>
<tr><td>组长</td><td></td><td></td><td colspan="3"></td></tr>
<tr><td rowspan="11">组员</td><td></td><td></td><td colspan="3"></td></tr>
<tr><td></td><td></td><td colspan="3"></td></tr>
<tr><td></td><td></td><td colspan="3"></td></tr>
<tr><td></td><td></td><td colspan="3"></td></tr>
<tr><td></td><td></td><td colspan="3"></td></tr>
<tr><td></td><td></td><td colspan="3"></td></tr>
<tr><td></td><td></td><td colspan="3"></td></tr>
<tr><td></td><td></td><td colspan="3"></td></tr>
<tr><td></td><td></td><td colspan="3"></td></tr>
<tr><td></td><td></td><td colspan="3"></td></tr>
<tr><td></td><td></td><td colspan="3"></td></tr>
</table>

备注:

三、获取信息

通过线上微课、线下知识点课堂学习讨论，查阅文献资料等获取信息，提升自主学习能力。

引导问题 1：熟悉除锈标准规定，本任务除锈、刷油设计要求有哪些？

引导问题 2：遵守规则规定，消防工程除锈、刷油及绝热工程计量规则、计量方法及定额说明有哪些？

拓展问题 1：如何规范操作消防工程除锈、刷油及绝热工程清单项目五要素设置？应注意什么？

四、工作计划

整理、总结获取的资讯，制定消防工程除锈、刷油及绝热工程量清单编制工作方案，包括前期准备资料整理、依据规则及方法计量、清单五要素设置等。完成表 3.46。

表 3.46　消防工程除锈、刷油及绝热工程量清单编制工作方案

步骤	工作内容	负责人
总结修正		

五、工作实施

实施步骤1:通读设计说明,清楚条款规定,确定除锈、刷油设计要求;小组分工查阅资料,确定相关参数;进一步熟悉定额。

实施步骤2:严格遵照定额规则规定,按照计算步骤科学计算消防工程除锈、刷油及绝热工程量,并掌握应注意的事项。

实施步骤3:在上述计算结果的基础上,规范设置消防工程除锈、刷油及绝热工程清单五要素。

实施步骤4:团队协作填写消防工程除锈、刷油及绝热工程工程量计算表和分部分项工程量清单表,如表3.47和表3.48所示。

表3.47 工程量计算表

工程名称: 班级: 组别:

序号	项目名称	计 算 式	计量单位	工程量

续表3.47

序号	项目名称	计　算　式	计量单位	工程量

表3.48　分部分项工程量清单表

工程名称：　　　　　　　　　　班级：　　　　　　　　组别：　　　　　　　　第　页　共　页

序号	项目编码	项目名称	项目特征描述	计量单位	工程量

六、评价反馈

完成学生自我评估与组内成员互评、教师评价，如表3.49和表3.50所示。

表 3.49 学生自我评估与组内成员互评表

任务名称						班级		
组别		角色				受评者		
序号	评估项目	分值	自我评定	组内评定				
				组员 1	组员 2	组员 3	组员 4	组员 5
1	是否按时按要求完成任务	10						
2	收集信息和资料的完善程度	20						
3	除锈刷油及绝热计量规则、计算方法及计算公式是否掌握	30						
4	是否能独立设置除锈、刷油及绝热清单项目	20						
5	任务执行过程中操作是否规范	10						
6	团队协作是否顺畅	10						
评价得分								
				互评平均得分：				
自我评价：							非常满意	
							满意	
							不满意	
总结与反思：								

表 3.50 教师评价表

任务名称			班级	
组别		角色	实训者	
序号	评价指标		分值	考核评定
1	除锈、刷油及绝热计量	除锈、刷油及绝热计量规则掌握得是否清楚，计算方法及公式是否运用得当	20	
2	除锈、刷油及绝热清单设置	清单五要素设置是否准确，项目特征描述是否详尽	30	
3	除锈、刷油及绝热的定额相关说明	根据定额中对除锈、刷油及绝热相关说明在实际工作中是否可以处理得当	20	

续表3.50

任务名称			班级	
4	工作中存在的实际问题	在遇到问题时分析解决问题能力是否具备	20	
5	工作态度	是否认真严谨、求真务实	10	
得分				

存在问题分析：

指导教师：　　评价时间：

项目4　消防给水工程计价

任务1　综合单价组价分析

学习目标

1.掌握工程计价相关概念；
2.掌握综合单价构成及组价方法；
3.熟悉工程量清单计价规范组成与内容；
4.具备综合单价正确组价能力。

素质目标

培养认真严谨的工作态度，注重工作细节。

学习要点

1.弄清、弄透工程计价相关概念，理解其含义；
2.掌握综合单价正确组价方法，注重项目特征描述的分析；
3.提升正确计算定额量的能力和组价能力。

知识点链接

一、计价费用相关概念

2019版黑龙江省建设工程计价依据《建筑安装工程费用定额》中将建筑安装工程费用按照费用构成要素划分，包括人工费、材料费(含工程设备费)、施工机械使用费、企业管理费、利润和税金，并对其相关概念给出了明确的定义。

(一)人工费

人工费是指按工资总额构成规定，支付给从事建筑安装工程施工的生产工人和附属生产单位工人的各项费用。

(二)材料费

材料费是指施工过程中耗费的原材料、辅助材料、构配件、零件、半成品或成品、工程设备的费用。

(三)施工机具使用费

施工机具使用费指施工作业所发生的施工机械、仪器仪表使用费或其租赁费。

(四)企业管理费

企业管理费指建筑施工企业组织施工生产和经营管理所需的费用。

(五)利润

利润指施工企业完成所承包工程获得的盈利。

(六)规费

规费指按国家法律、法规规定,由省级政府和省级有关部门规定必须缴纳或计取的费用,包括社会保险费、住房公积金、环境保护税等。

(七)税金

税金是指国家税法规定应计入建筑安装工程造价内的增值税。

二、我国造价行业计价模式

我国现在计价的两种模式为传统的定额计价与现行的清单计价。定额计价是"量价合一,固定取费",即"工料机单价"计价法;清单计价是"企业自主报价,市场形成价格",即"综合单价"计价法。

(一)定额计价模式

我国早在20世纪50年代就开始推行定额计价模式。在计划经济体制下,国家为了控制投资,将消耗量定额和产品单价合并起来,建筑工程项目或建筑产品实行"量价合一、固定取费"的政府指令性计价模式,即"定额预算计价法"。这种方法按预算定额规定的分部分项子目,逐项计算工程量,套用定额单价(或单位估价表)确定直接费,然后按规定的取费标准计算其他直接费、现场经费、间接费、利润、税金,加上材料价差和适当的不可预见费,汇总成工程预算价,用作标底和投标报价。

(二)工程量清单计价模式

工程量清单计价模式是指在建设工程招标投标中,招标人按照国家统一的工程量计算规则提供工程数量,由投标人依据工程量清单自主报价,并按照经评审低价中标。

以招标人提供的工程量清单为平台,投标人根据自身的技术、财务、管理能力进行投标报价,招标人根据具体的评标细则进行优选,这种计价模式是市场定价体系的具体表现形式。

三、直接工程费组成分析

单位工程的直接工程费就是构成工程实体所必需的人工费、材料费和施工机械使用费的总和。在2019版黑龙江省建设工程计价定额中,直接工程费可以划分为实体部分费用和措施部分费用。

(一)实体部分费用

所谓实体部分费用是指可以准确计算出工程量的部分定额直接费。具体计算方法如下。

1.分部分项子目项基价

分部分项子目项基价＝人工费＋材料费＋施工机械使用费　　(4.1)

式中

人工费 $=\sum$(定额人工消耗量 × 定额日工资单价)　　(4.2)

材料费 $=\sum$(定额材料消耗量 × 材料预算单价)　　(4.3)

施工机械使用费 $=\sum$(定额施工机械台班消耗量 × 施工机械台班单价)　　(4.4)

2.未计价材料

定额中的未计价材料是指在定额中只规定了名称、规格、品种和消耗量，而未计入其价值的材料，即定额内带有“(　　)”的材料。

未计价主材费＝图示工程量×(1＋材料损耗率)×未计价材料价格

或

未计价主材费＝分项工程量×定额括号内数量×未计价材料价格　　(4.5)

3.分项工程定额直接费

分项工程定额直接费 $=\sum$(分部分项子目项基价 ＋ 未计价材料价格) × 分项工程量

$=\sum$(人工单价＋材料单价＋施工机械单价＋未计价材料价格)× 分项工程量

$=\sum$(人工费 ＋ 材料费 ＋ 施工机械台班费 ＋ 未计价主材费)

(4.6)

(二)措施部分费用

所谓措施部分费用是指定额计价中按规定系数计取的定额直接费，也就是无法准确计算出工程量的部分定额直接费，在定额中以措施部分费用形式表现，若实际发生应按规定计取，其费用并入分项工程直接工程费中。具体计取系数参照定额说明中规定，这部分费用名称如表 4.1 所示。

表 4.1　措施部分费用明细列表

序号	费用名称
一	脚手架费
二	系统调整费
三	建筑物超高增加费

续表4.1

序号	费用名称
四	操作高度增加费
五	垂直运输(垂直运距)
六	在地下室内进行安装的工程
七	在地下室内(含地下车库)、暗室内、净高小于1.6 m楼层、断面小于4 m^2且大于2 m^2隧道或洞内进行安装的工程
八	在管井内、竖井内、断面小于或等于2 m^2隧道或洞内、封闭吊顶天棚内进行安装的工程(竖井内敷设电缆项目除外)
九	厂区外1～10 km的管道安装项目
十	整体封闭式地沟的管道施工
十一	在洞库、暗室,在已封闭的管道间(井)、地沟、吊顶内安装的项目

针对措施部分费用,黑龙江省定额中消防工程专用册按下列系数分别计取。

(1)脚手架搭拆费按定额人工费的5%计算,其费用中人工费占35%。

(2)操作高度增加费:本册定额操作高度,均按5 m以下编制;安装高度超过5 m时,超过部分工程量按定额人工费乘相应的系数计算。

操作物高度/m	≤10	≤30
系数	1.10	1.20

(3)建筑物超高增加费:高度在6层或20 m以上的工业与民用建筑物上进行安装时增加的费用,按下表计算,其费用中人工费占65%。

建筑物檐高/m	≤40	≤60	≤80	≤100	≤120	≤140	≤160	≤180	≤200
建筑层数(层)	≤12	≤18	≤24	≤30	≤36	≤42	≤48	≤54	≤60
按人工费的/%	2	5	9	14	20	26	32	38	44

(4)在洞库、暗室,在已封闭的管道间(井)、地沟、吊顶内安装的项目,人工、机械乘系数1.2。

(三)分项工程直接工程费

$$分项工程直接工程费=实体部分费用+措施部分费用 \tag{4.7}$$

四、综合单价组价分析

(一)综合单价的含义

综合单价是指完成一个规定清单项目所需的人工费、材料费、施工机具使用费和企业管理费、利润，以及一定范围内的风险费用。我国在现行清单计价模式下，采用的就是这种综合单价计价。

(二)综合单价计算公式

$$综合单价=清单项目施工费用/清单工程量 \tag{4.8}$$

式中，清单项目施工费用具体计算原则和方法如下：

$$清单项目施工费用=人工费+材料费+施工机具使用费+企业管理费+利润+风险费$$

1. 人工费、材料费、施工机具使用费的计算

$$人工费/材料费/施工机具使用费=工程量\times(人/材/机)单价 \tag{4.9}$$

式中，工程量是按照相关规则计算的“定额工程量”，也称“实际施工工程量”。

2. 企业管理费的计算

综合单价中企业管理费的计算方法为

$$企业管理费=计算基数\times管理费费率 \tag{4.10}$$

3. 利润的计算

综合单价中利润的计算方法为

$$利润=计算基数\times利润率 \tag{4.11}$$

式中，“计算基数”在2019版黑龙江省建设工程计价定额中指的是普工以95元/工日，技工以122元/工日为计费基础的“计费人工费”总和。

4. 风险费

风险费是指一定范围的风险费用，包括材料风险费和机械风险费，根据实际情况按一定比例计算，费率取5%。

(三)综合单价计算程序

按照《建设工程工程量清单计价标准》第3.1.2条的规定，“分部分项工程和措施项目清单应采用综合单价计价”。以2019版黑龙江省《通用安装工程消耗量定额》为例，营改增后分部分项工程(定额措施项目)综合单价计算程序如表4.2所示。

表4.2　分部分项工程综合单价计算程序

序号	费用名称	计　算　式	备注
1	计费人工费	$\sum$工日消耗量×计费人工单价	普工:95元/工日;技工:122元/工日
2	人工费价差	$\sum$工日消耗量×(合同约定或省建设行政主管部门发布的人工单价－计费人工单价)(±)	
3	材料费	$\sum$[材料消耗量×材料单价(含材料价格风险)]	

续表4.2

序号	费用名称	计　算　式	备注
4	材料费价差	∑[材料价格价差(±)×材料消耗量]	
5	机具费	∑[机具消耗量×台班单价(含施工机具价格风险)]	
6	机械工价差	∑[(合同约定或省建设行政主管部门发布的机械工单价－机械工单价)(±)×机具消耗量]	
7	机具燃料动力费价差	∑[机具燃料动力价格差价(±)×机具消耗量]	
8	企业管理费	1×费率	费率:10%～14%
9	利润	1×费率	费率:10%～22%
10	综合单价	1+2+3+4+5+6+7+8+9	

五、工程计价表格的组成

(一)工程计价表格

《建设工程工程量清单计价标准》规定，工程量清单与计价宜采用统一格式，具体表格内容见计价规范。具体表格组成如表4.3所示。

表4.3　表格组成

工程计价表格组成	表格名称	表号
封面	工程量清单	封－1
	招标控制价	封－2
	投标总价	封－3
	竣工结算总价	封－4
总说明		表－01
汇总表	建设项目招标控制价(投标报价)汇总表	表－02
	单项工程招标控制价(投标报价)汇总表	表－03
	单位工程招标控制价(投标报价)汇总表	表－04
	建设项目竣工结算汇总表	表－05
	单项工程竣工结算汇总表	表－06
	单位工程竣工结算汇总表	表－07

续表4.3

工程计价表格组成	表格名称	表号
分部分项 工程量清单表	分部分项工程和单价措施项目清单与计价表	表—08
	综合单价分析表	表—09
	综合单价调整表	表—10
措施项目清单表	总价措施项目清单与计价表	表—11
其他项目清单表	其他项目清单与计价汇总表	表—12
	暂列金额明细表	表—12—1
	材料(工程设备)暂估单价及调整表	表—12—2
	专业工程暂估价表	表—12—3
	计日工表	表—12—4
	总承包服务费计价表	表—12—5
	索赔与现场签证计价汇总表	表—12—6
	费用索赔申请(核准)表	表—12—7
	现场签证表	表—12—8
规费、税金项目计价表		表—13
工程计量申请(核准)表		表—14

(二)综合单价分析表

(1)在工程计价表格中,带定额子目综合单价分析表如表4.4所示。

表 4.4 带定额子目综合单价分析表

工程名称：　　　　　　　　　　　标段：　　　　　　　　　　　　　　　　第　页　共页

<table>
<tr><td colspan="2">项目编码</td><td colspan="2"></td><td colspan="2">项目名称</td><td colspan="2"></td><td colspan="2">计量单位</td><td colspan="2"></td></tr>
<tr><td colspan="12">清单综合单价组成明细</td></tr>
<tr><td rowspan="2">定额编号</td><td rowspan="2">定额名称</td><td rowspan="2">定额单位</td><td rowspan="2">数量</td><td colspan="4">单价</td><td colspan="4">合价</td></tr>
<tr><td>人工费</td><td>材料费</td><td>机械费</td><td>管理费和利润</td><td>人工费</td><td>材料费</td><td>机械费</td><td>管理费和利润</td></tr>
<tr><td></td><td></td><td></td><td></td><td></td><td></td><td></td><td></td><td></td><td></td><td></td><td></td></tr>
<tr><td></td><td></td><td></td><td></td><td></td><td></td><td></td><td></td><td></td><td></td><td></td><td></td></tr>
<tr><td></td><td></td><td></td><td></td><td></td><td></td><td></td><td></td><td></td><td></td><td></td><td></td></tr>
<tr><td></td><td></td><td></td><td></td><td></td><td></td><td></td><td></td><td></td><td></td><td></td><td></td></tr>
<tr><td></td><td></td><td></td><td></td><td></td><td></td><td></td><td></td><td></td><td></td><td></td><td></td></tr>
<tr><td></td><td></td><td></td><td></td><td></td><td></td><td></td><td></td><td></td><td></td><td></td><td></td></tr>
<tr><td colspan="2">人工单价</td><td colspan="6">小计</td><td></td><td></td><td></td><td></td></tr>
<tr><td colspan="2">元/工日</td><td colspan="6">未计价材料费</td><td colspan="4"></td></tr>
<tr><td colspan="8">清单项目综合单价</td><td colspan="4"></td></tr>
</table>

<table>
<tr><td rowspan="7">材料费明细</td><td>主要材料名称、规格、型号</td><td>单位</td><td>数量</td><td>单价/元</td><td>合价/元</td><td>暂估单价/元</td><td>暂估合价/元</td></tr>
<tr><td></td><td></td><td></td><td></td><td></td><td></td><td></td></tr>
<tr><td></td><td></td><td></td><td></td><td></td><td></td><td></td></tr>
<tr><td></td><td></td><td></td><td></td><td></td><td></td><td></td></tr>
<tr><td></td><td></td><td></td><td></td><td></td><td></td><td></td></tr>
<tr><td></td><td></td><td></td><td></td><td></td><td></td><td></td></tr>
<tr><td colspan="3">其他材料费</td><td>—</td><td></td><td>—</td><td></td></tr>
<tr><td></td><td colspan="3">材料费小计</td><td>—</td><td></td><td>—</td><td></td></tr>
</table>

注：1. 如不使用省级或行业建设主管部门发布的计价依据，可不填定额项目、编号等。

2. 招标文件提供了暂估单价的材料，按暂估的单价填入表内“暂估单价”栏及“暂估合价”栏。

(2)在工程计价表格中,不带定额子目综合单价分析表如表 4.5 所示。

表 4.5　不带定额子目综合单价分析表

工程名称：　　　　　　　　　　　　标段：　　　　　　　　　　　　第　页　共　页

<table>
<tr><th rowspan="2">序号</th><th rowspan="2">项目编码</th><th rowspan="2">项目名称</th><th rowspan="2">项目特征</th><th rowspan="2">工程量</th><th rowspan="2">单位</th><th colspan="4">综合单价组成/元</th><th rowspan="2">综合单价</th><th rowspan="2">合价</th></tr>
<tr><th>人工费</th><th>材料费</th><th>机械费</th><th>管理费和利润</th></tr>
<tr><td></td><td></td><td></td><td></td><td></td><td></td><td></td><td></td><td></td><td></td><td></td><td></td></tr>
<tr><td></td><td></td><td></td><td></td><td></td><td></td><td></td><td></td><td></td><td></td><td></td><td></td></tr>
<tr><td></td><td></td><td></td><td></td><td></td><td></td><td></td><td></td><td></td><td></td><td></td><td></td></tr>
<tr><td></td><td></td><td></td><td></td><td></td><td></td><td></td><td></td><td></td><td></td><td></td><td></td></tr>
</table>

学生工作页

一、任务书

扫描二维码,选择其中一个项目,在项目三工程计量和清单项目设置的基础上,进行各清单项综合单价组价分析,并将计算结果填入表 4.8 中。

二、任务分组

表 4.6　学生任务分配表

<table>
<tr><td>任务名称</td><td colspan="3"></td><td>指导教师</td><td></td></tr>
<tr><td>班级</td><td colspan="2"></td><td>组别</td><td colspan="2"></td></tr>
<tr><td>角色</td><td>姓名</td><td>学号</td><td colspan="3">任务分工</td></tr>
<tr><td>组长</td><td></td><td></td><td colspan="3"></td></tr>
<tr><td rowspan="6">组员</td><td></td><td></td><td colspan="3"></td></tr>
<tr><td></td><td></td><td colspan="3"></td></tr>
<tr><td></td><td></td><td colspan="3"></td></tr>
<tr><td></td><td></td><td colspan="3"></td></tr>
<tr><td></td><td></td><td colspan="3"></td></tr>
<tr><td></td><td></td><td colspan="3"></td></tr>
</table>

备注：

三、获取信息

通过线上微课、线下知识点课堂学习讨论,查阅文献资料等获取信息,提升自主学习能力。

引导问题 1:掌握计价费用构成要素,分析计价模式的底层逻辑是什么?

引导问题 2:综合单价组价正确与否,直接影响项目盈亏。如何认真分析综合单价构成,以严谨的工作态度罗列综合单价组价顺序?

拓展问题 1:如何实现组价过程中定额量的计算,注重工作中对细节问题的处理?

四、工作计划

整理、总结获取的资讯,制定消防工程清单项目综合单价组价工作方案,包括前期准备资料整理,在工程量清单列表的基础上依据计价规范、消耗量定额、费用定额等进行综合单价组价分析。完成表 4.7。

表 4.7 消防工程清单项目综合单价组价工作方案

步骤	工作内容	负责人
总结修正		

五、工作实施

实施步骤 1:在工程量清单列表的基础上,团队协作讨论分析每个清单项的项目特征描述,读出其中包含的工作内容。

实施步骤 2:严格遵照定额规则规定,按照计算步骤科学计算清单项下需重新计算的定额量。

实施步骤 3:依法依规,严格按照综合单价计算程序对各清单项进行综合单价组价。

实施步骤 4:团队分工协作填写消防工程综合单价分析表,如表 4.8 所示。

表 4.8　综合单价分析表

工程名称:　　　　　　　　　　　　标段:　　　　　　　　　　　　第　页　共　页

序号	项目编码	项目名称	项目特征	工程量	单位	综合单价组成/元				综合单价	合价
						人工费	材料费	机械费	管理费和利润		

六、评价反馈

完成学生自我评估与组内成员互评、教师评价，如表 4.9 和表 4.10 所示。

表 4.9　学生自我评估与组内成员互评表

任务名称						班级		
组别		角色				受评者		
序号	评估项目	分值	自我评定	组内评定				
				组员 1	组员 2	组员 3	组员 4	组员 5
1	是否按时按要求完成任务	10						
2	收集信息和资料的完善程度	20						
3	是否熟悉定额组成与内容	20						
4	综合单价构成及各要素计算方法是否掌握	20						
5	是否能独立对综合单价进行组价	20						
6	工作态度是否认真	10						
评价得分								
				互评平均得分：				
自我评价：							非常满意	
							满意	
							不满意	
总结与反思：								

表 4.10　教师评价表

任务名称				班级	
组别		角色		实训者	
序号	评价指标			分值	考核评定
1	定额内容与组成	清晰定额组成、掌握定额主要内容程度		20	
2	综合单价组价	是否可以正确对综合单价进行组价分析		30	

续表4.10

任务名称			班级	
3	定额使用	是否能熟练运用定额套项组综合单价	20	
4	工作中存在的实际问题	在遇到问题时分析解决问题能力是否具备	20	
5	工作态度	是否认真严谨、求真务实	10	
得分				

存在问题分析：

指导教师：　　评价时间：

任务2　分部分项工程及其他各项费用计算

学习目标

1.掌握计价费用相关概念、清单计价基本原理；

2.能正确计算分部分项工程及其他各项费用，正确汇总工程造价。

素质目标

1.培养职业素养；

2.提升安全、环保、争先创优意识，体会以人为本的生产理念。

学习要点

1.掌握分部分项工程费与其他各项费用之间的逻辑关系；

2.掌握分部分项工程费的构成，其他各项费用的计算程序及方法；

3.提升独立正确汇总工程造价的能力。

知识点链接

一、计价费用相关概念

2019 版黑龙江省建设工程计价依据《建筑安装工程费用定额》中的建筑安装工程费用按照工程造价形成划分为分部分项工程费、措施项目费、其他项目费、规费和税金等，并对其相关概念给出了明确的定义。

(一)分部分项工程费

分部分项工程费指各专业工程的分部分项工程应予列支的各项费用。

(二)措施项目费

措施项目费是指为完成建设工程施工，发生于该工程施工前和施工过程中的技术、生活、安全、环境保护等方面的费用，包括按单价方式计价和按总价方式计价的措施项目费，如表 4.11 所示。

表 4.11　措施项目费

费用名称	项目名称
措施项目费	大型机械设备进出场及安拆费
	混凝土、钢筋混凝土模板及支架费
	施工排水、降水费
	水平防护架、垂直封闭防护架、外架封闭
	专业工程措施项目费
	安全文明施工费
	其他措施项目费
	专业工程措施项目费

(三)其他项目费

其他项目费是指除分部分项工程费和措施项目费外的其他费用，包括暂列金额、暂估价、计日工、总承包服务费等四项，如表 4.12 所示。

表 4.12　其他项目费

费用名称	项目名称	项目含义
其他项目费用	暂列金额	建设单位在工程量清单中或招标时暂定并包括在工程合同价款中的一笔款项。用于施工合同签订时尚未确定或不可预见的所需材料、工程设备、服务的采购，施工中可能发生的工程变更、合同约定调整因素出现时的工程价款调整以及发生的索赔、现场签证确认等的费用
	暂估价	招标人在工程量清单中或招标时提供的用于支付必然发生但暂时不能确定价格的材料（工程设备）的单价和专业工程的费用
	计日工	在施工过程中，施工企业完成建设单位提出的施工图纸以外的零星项目或工作所需的费用
	总承包服务费	总承包人为配合、协调建设单位进行的专业工程发包，对建设单位自行采购的材料、工程设备等进行保管以及施工现场管理、竣工资料汇总整理等服务所需的费用

二、清单计价基本原理

当采用清单计价模式计算工程造价时，一个建设项目的总造价由一个或几个单项工程费用构成，一个单项工程又由各单位工程费用所构成，而一个单位工程在工程量计算、综合单价分析经复查确认无误后，即可进行分部分项工程费、措施项目费、其他项目费、规费和税金的计算，从而计算出单位工程的总造价，最终汇总得出建设项目的总造价。计算的基本原理如下。

（1）计算分部分项工程费。

$$\text{分部分项工程费} = \sum \text{清单项目施工费}$$

$$= \sum \text{分部分项工程清单工程量} \times \text{分部分项工程综合单价} \qquad (4.12)$$

（2）计算措施项目费。

$$\text{单价措施项目费} = \sum \text{措施项目清单工程量} \times \text{措施项目综合单价} \qquad (4.13)$$

$$\text{总价措施项目费} = \sum \text{计算基数} \times \text{相应措施项目费率} \qquad (4.14)$$

（3）计算其他项目费。

其他项目费按招标文件规定计算。

（4）计算单位工程造价。

$$\text{单位工程造价} = \text{分部分项工程费} + \text{措施项目费} + \text{其他项目费} + \text{规费} + \text{税金} \qquad (4.15)$$

（5）计算单项工程造价。

$$\text{单项工程造价} = \sum \text{单位工程费} \qquad (4.16)$$

(6)计算建设项目总造价。

$$建设项目总造价 = \sum 单项工程费 \tag{4.17}$$

三、建筑安装工程费用计算程序

本任务以2019版黑龙江省建设工程计价依据《建筑安装工程费用定额》为例，当采用工程量清单计价模式计算工程总造价时，单位工程费用计算程序如表4.13所示。

表4.13 单位工程费用计算程序(工程量清单计价)

序号	费用名称	计算方法
(一)	分部分项工程费	Σ(分部分项工程量×相应综合单价)
(A)	计费人工费	Σ工日消耗量×计费人工单价
(二)	措施项目费	(1)+(2)
(1)	单价措施项目费	①+②+③+④+⑤
(B)	计费人工费	Σ工日消耗量×计费人工单价
①	大型机械设备进出场及安拆费	措施项目工程量×相应综合单价
②	混凝土、钢筋混凝土模板及支架费	措施项目工程量×相应综合单价
③	施工排水、降水费	措施项目工程量×相应综合单价
④	水平防护架、垂直防护架、外架封闭	措施项目工程量×相应综合单价
⑤	专业工程措施项目费	措施项目工程量×相应综合单价
(2)	总价措施项目费	⑥+⑦+⑧
⑥	安全文明施工费	[(一)+(1)−工程设备金额]×费率
⑦	其他措施项目费	[(A)+(B)]×费率
⑧	专业工程措施项目费	根据工程情况确定
(C)	计费人工费	
(三)	其他项目费	(3)+(4)+(5)+(6)
(3)	暂列金额	[(一)−工程设备金额]×费率(投标报价时按招标工程量清单中列出的金额填写)
(4)	专业工程暂估价	根据工程情况确定(投标报价时按招标工程量清单中列出的金额计列)
(5)	计日工	根据工程情况确定
(6)	总承包服务费	供应材料费用、设备的安装费或发包人发包的专业工程费×费率
(四)	规费	[(A)+(B)+(C)+人工费价差]×费率

续表4.13

序号	费用名称	计算方法
(五)	税金	[(一)+(二)+(三)+(四)-(3)-(4)-甲供材料费]×税率
(六)	工程造价	(一)+(二)+(三)+(四)+(五)-甲供材料费

注:1.甲供材料费计入造价中,计取安全文明施工费、暂列金额,并在税前扣除甲供材料费。

2.采用一般计税方法时,各项费用中不包括可抵扣的进项税额;采用简易计税方法时,各项费用中包括可抵扣的进项税额。

四、建筑安装工程费用标准

2019版黑龙江省建设工程计价定额规定的建筑安装工程费用标准具体如表4.14~4.24所示。

(一)安全文明施工费

表4.14 安全文明施工费费用标准表

单位:%

工程项目	建筑装饰工程	安装工程	市政工程	园林绿化工程	城市轨道交通工程	单独承包装饰工程
计算基础	工程量清单计价的工程:分部分项工程费+单价措施项目费-工程设备金额 定额计价的工程:分部分项工程费+单价措施项目费+企业管理费+利润+人材机价差-工程设备金额					
安全文明施工费	3.12	2.54	2.54	2.19	2.75	2.47

(二)其他措施项目费

表4.15 其他措施项目费费用标准表

单位:%

工程项目	建筑装饰工程	安装工程	市政工程	园林绿化工程	城市轨道交通工程	单独承包装饰工程
计算基础	计费人工费					
夜间施工费	0.12					
二次搬运费	0.12					
冬季施工增加费	5[计费基础:冬季施工工程的计费人工费+机具费(不含价差)]					
雨季施工增加费	0.11					

续表4.15

工程项目	建筑装饰工程	安装工程	市政工程	园林绿化工程	城市轨道交通工程	单独承包装饰工程
已完工程及设备保护费	0.11					
工程定位复测费	0.08					

(三)价格风险费

表 4.16　价格风险费费用标准表

单位:%

序号	费用项目	计算基础	费率/%	备注
1	材料价格风险	相应材料价格	5	发承包双方应当按照风险适当、合理分担的原则,约定市场物价波动的调整幅度,明确工程计价的风险内容及范围
2	施工机具价格风险	相应施工机具台班价格	5	

(四)企业管理费

表 4.17　企业管理费费用标准表

单位:%

工程项目	建筑装饰工程	安装工程	市政工程	园林绿化工程	城市轨道交通工程	单独承包装饰工程
计算基础	计费人工费					
企业管理费	10～14	10～14	8～12	6～9	8～12	7～10

(五)利润

表 4.18　利润费用标准表

单位:%

工程项目	各类工程
计算基础	计费人工费
利润	10～22

(六)暂列金额

表 4.19　暂列金额费用标准表

单位:%

工程项目	各类工程
计算基础	分部分项工程费－工程设备金额
暂列金额	10～15

(七)总承包服务费

表 4.20　总承包服务费费用标准表

单位:%

费用项目	计算基础	各类工程
发包人供应材料	供应材料费用	2
发包人采购设备	设备的安装费用	2
总承包人对发包人发包的专业工程管理和协调	工程量清单计价的工程:发包人发包的专业工程费(分部分项工程费＋措施项目费－工程设备金额)	1.5
总承包人对发包人发包的专业工程管理和协调并提供配合服务	定额计价的工程:发包人发包的专业工程费(分部分项工程费＋措施项目费＋企业管理费＋利润＋人材机价差－工程设备金额)	3～5

(八)规费

表 4.21　规费费用标准表

单位:%

工程项目	各类工程
计算基础	计费人工费＋人工费价差
养老保险费	16
医疗保险费	7.5
失业保险费	0.5
工伤保险费	1
生育保险费	0.6
住房公积金	5
环境保护税	按实际发生计算

(九)税金

表 4.22 税金费用标准表

单位:%

工程项目	各类工程
计算基础	税前工程造价
税率	9(或 3)

(十)计费人工单价

表 4.23 计费人工单价费用标准表

单位:元/工日

项目		建筑装饰工程、安装工程、市政工程	园林绿化工程、城市轨道交通工程
计费人工单价	普工	95	97
	技工	122	

注:1. 计费人工单价每工日按 8 小时计算。
2. 此单价为各类工程计费的统一标准。

(十一)机械工单价

表 4.24 机械工单价费用标准表

单位:元/工日

项目	各类工程
机械工单价	115

注:每工日按 8 小时计算。

五、工程计价表格

工程量清单计价模式下,工程计价宜采用《建设工程工程量清单计价标准》规定的统一格式进行编制,无论是招标人在编制招标控制价,还是投标人在编制投标报价时,均可参照项目 1 中表 1.8~1.17 编制。

学生工作页

一、任务书

在本项目任务 1 综合单价组价的基础上,进行分部分项工程费及其他各项费用计算,汇总工程造价并将计算结果填入表 4.30 中。

二、任务分组

表 4.25　学生任务分配表

任务名称			指导教师	
班级		组别		
角色	姓名	学号	任务分工	
组长				
组员				

备注：

三、获取信息

通过线上微课、线下知识点课堂学习讨论，查阅文献资料等获取信息，提升自主学习能力。

引导问题 1：掌握清单计价的基本原理，各项费用计算方法和途径是什么？

引导问题 2：恪守职业操守，如何科学、公正、合理计算分部分项工程费及其他各项费用，正确汇总工程造价？

拓展问题1:深层次分析各项费用属性,如何区分可竞争费用和不可竞争费用,建立安全、环保、争先创优意识,体会以人为本的生产理念?

四、工作计划

整理、总结按照获取的资讯,制定汇总消防工程工程造价工作方案,包括前期准备资料整理,在综合单价组价的基础上依据计价规范、消耗量定额、费用定额等汇总消防工程工程造价。完成表4.26。

表4.26 汇总消防工程工程造价工作方案

步骤	工作内容	负责人
总结修正		

五、工作实施

实施步骤1:在综合单价组价的基础上,认真完成分部分项工程费用计算,并将其结果填入表4.27中。

实施步骤 2：区分措施项目类别，按分部分项工程费用计算方法计算单价措施费；严格遵守计费用程序按费率方法计算总价措施费，并将结果填入表 4.28 中。

实施步骤 3：依法依规计取规费和税金，并将结果填入表 4.29 中。

实施步骤 4：团队分工协作，严格按计费程序（见表 4.30）汇总工程造价，并归纳整理下列表格。

（1）分部分项工程量清单与计价表，如表 4.27 所示。

（2）措施项目清单与计价表，如表 4.28 所示。

（3）规费、税金项目清单与计价表，如表 4.29 所示。

（4）单位工程投标报价汇总表，如表 4.30 所示。

表 4.27　分部分项工程量清单与计价表

工程名称：　　　　　　　　　　标段：　　　　　　　　　　第　页　共　页

序号	项目编码	项目名称	项目特征描述	计量单位	工程量	金额/元		
						综合单价	合价	其中
								暂估价
本页小计								
合　计								

表 4.28 措施项目清单与计价表

工程名称： 标段： 第 页 共 页

序号	项目编码	项目名称	计算基础	计算基数	费率/%	金额/元
一		安全文明施工费				
1		安全文明施工费				
二		其他措施项目费				
2		夜间施工增加费				
3		二次搬运费				
4		雨季施工增加费				
5		已完工程及设备保护费				
6		工程定位复测费				
三		专业工程措施项目费				
7		专业工程措施项目费				
合计						

表 4.29 规费、税金项目清单与计价表

工程名称： 标段： 第 页 共 页

序号	项目名称	计算基础	计算基数	费率/%	金额/元
1	规费				
1.1	社会保险费				
1.1.1	养老保险费				
1.1.2	医疗保险费				
1.1.3	失业保险费				
1.1.4	工伤保险费				
1.1.5	生育保险费				
1.2	住房公积金				
1.3	环境保护税				
2	税金				
合计					

表 4.30　单位工程投标报价汇总表

工程名称：　　　　　　　　　　　　标段：　　　　　　　　　　　　第　页　共　页

序号	汇总内容	金额/元	其中：暂估价/元
(一)	分部分项工程费		
(二)	措施项目费		
(1)	单价措施项目费		
(2)	总价措施项目费		
①	安全文明施工费		
②	其他措施项目费		
③	专业工程措施项目费		
(三)	其他项目费		
(3)	暂列金额		
(4)	专业工程暂估价		
(5)	计日工		
(6)	总承包服务费		
(四)	规费		
(1)	社会保险费		
①	养老保险费		
②	医疗保险费		
③	失业保险费		
④	工伤保险费		
⑤	生育保险费		
(2)	住房公积金		
(3)	环境保护税		
(五)	税金		
投标报价合计=(一)+(二)+(三)+(四)+(五)−甲供材料费			

六、评价反馈

完成学生自我评估与组内成员互评、教师评价，如表 4.31 和表 4.32 所示。

表 4.31 学生自我评估与组内成员互评表

任务名称				班级				
组别		角色		受评者				
序号	评估项目	分值	自我评定	组内评定				
				组员 1	组员 2	组员 3	组员 4	组员 5
1	是否按时按要求完成任务	10						
2	收集信息和资料的完善程度	20						
3	是否掌握计价基本原理及计算公式	20						
4	单位工程计价程序是否掌握	20						
5	是否能正确对各项费用费率标准进行核定	20						
6	工作态度是否认真	10						
评价得分								
				互评平均得分：				
自我评价：						非常满意		
						满意		
						不满意		
总结与反思：								

表 4.32 教师评价表

任务名称			班级	
组别	角色		实训者	
序号	评价指标		分值	考核评定
1	计价费用相关概念	是否理解和掌握计价费用相关含义	20	
2	综合单价组价	是否可以正确对综合单价进行组价分析	30	
3	定额使用	是否能熟练运用定额套项组综合单价	20	
4	工作中存在的实际问题	在遇到问题时分析解决问题能力是否具备	20	

续表4.32

任务名称			班级	
5	工作态度	是否认真严谨、求真务实	10	
得分				

存在问题分析：

指导教师：　　评价时间：

项目5 消防给水工程 BIM 算量与计价软件实操

任务1 消防给水工程 BIM 算量软件应用

学习目标

1. 掌握 BIM 算量软件的功能与操作方法；
2. 具备工程数字造价应用能力。

素质目标

1. 培养现代信息素养；
2. 建立数字化意识。

学习要点

1. 掌握 BIM 算量模型的正确建立；
2. 学习软件的工程量自查功能，学习清单工程量套做法。

知识点链接

一、BIM 算量软件的初步认识

目前市场上存在多种 BIM 算量软件，如广联达、鲁班、品茗、新点 BIM 量筋合一、晨曦 BIM 等软件。本任务以广联达 GQI2021 安装算量软件为例进行介绍。

广联达 BIM 安装算量 GQI2021（以下简称 GQI2021）是针对民用建筑工程中安装全专业所研发的一款工程量计算软件。GQI2021 目前满足行业中所有图纸类型和算量模式，包括 CAD 图纸、PDF 图纸、表格算量、REVIT 模型等。GQI2021 通过智能化的识别、可视化的三维显示、专业化的计算规则、灵活化的工程量统计、无缝化的计价导入，全面解决工程造价和技术人员在招投标、过程提量、结算对量等阶段人工计算效率低、审核难度大等问题。

（一）GQI2021 界面介绍

打开 GQI2021，如图 5.1 所示，GQI2021 界面由菜单栏、功能区、导航栏、绘图区、状态栏等构成。

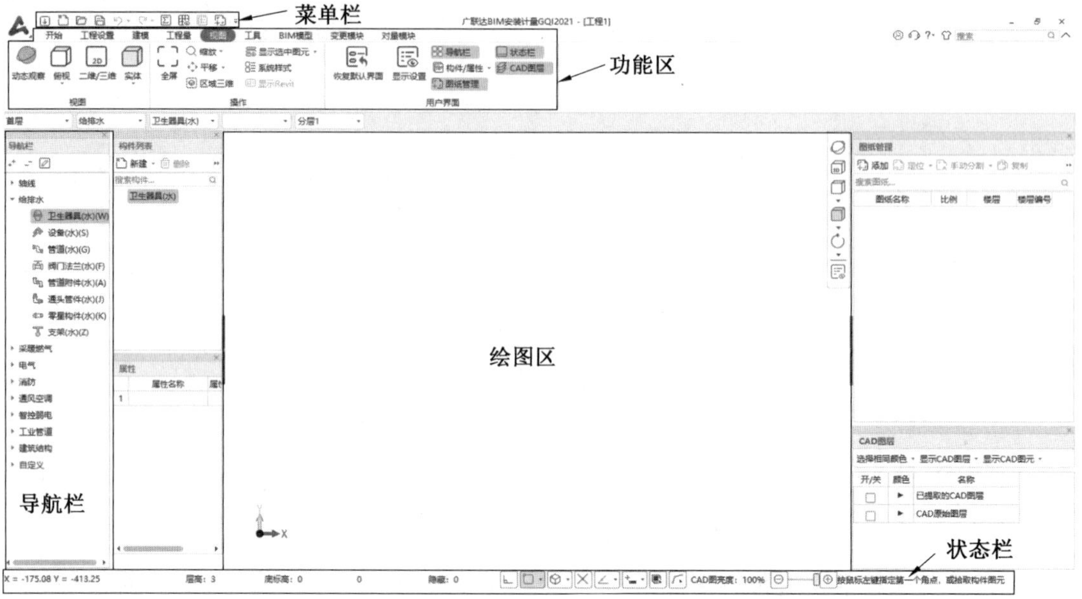

图 5.1　GQI2021 界面

(二)算量软件基本操作流程

算量软件的基本操作流程如图 5.2 所示。

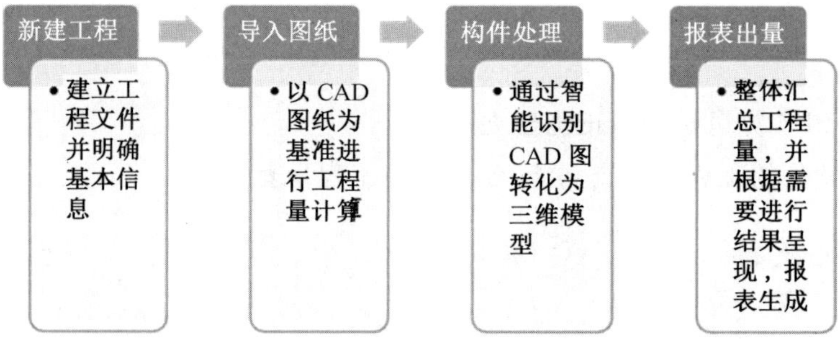

图 5.2　算量软件的基本操作流程

(三)算量软件处理工程量思路

1. 列项：根据系统类型建立构件列表。

2. 识别：建模识别构件，如设备、管道长度、自动计算(刷油、保温、支架、套管等)、管道部件、附件等。

3. 提量：汇总出量，可选择查看工程量的类别。

4. 检查：“智能检查，防止漏量”。

二、BIM 算量软件的功能与应用

(一)建模前准备

1. 添加图纸

在编辑界面,单击功能区的“图纸管理”→“添加”,找到图纸存储的位置,单击“打开”,图纸就会被添加到绘图区,如图 5.3 所示。

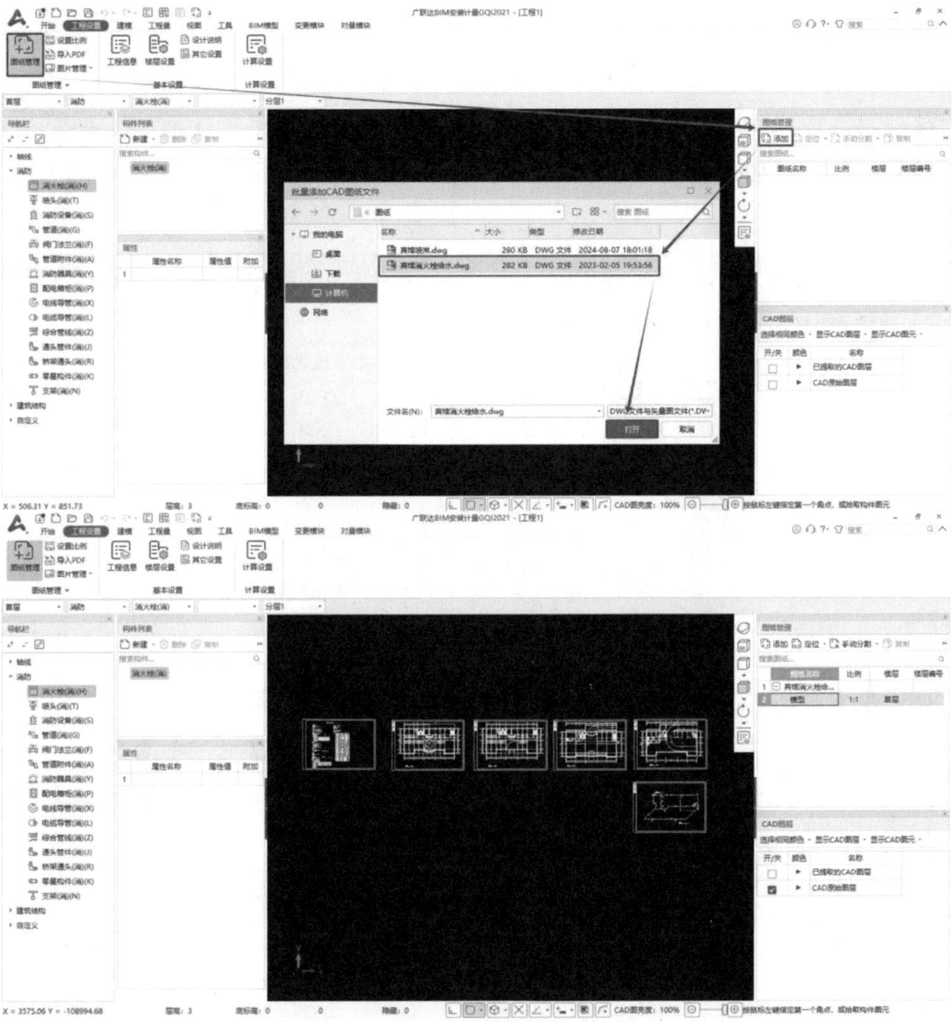

图 5.3　添加图纸

2. 设置比例

在“图纸管理”功能区单击“设置比例”按钮,然后在绘图区左键框选要设置比例的区域,右击确认,单击指定一个节点,再指定下一个节点,出现图 5.4 所示的对话框,如果测出的尺寸与图上标注尺寸有误差,则将该对话框中的尺寸改成图上标注尺寸即可。

3. 楼层设置

在“工程设置”功能区单击“楼层设置”,出现图 5.5 所示的对话框,在软件中默认有“首

图 5.4　设置比例

层”“基础层”；选择“首层”时，单击“插入楼层”按钮，插入的是地上楼层，编码是正数；选择“基础层”时，单击“插入楼层”按钮，插入的是地下楼层，编码是负数。层高根据工程实际情况依次填入。

首层	编码	楼层名称	层高(m)	底标高(m)	相同层数	板厚(mm)	建筑面积(m2)	备注
☐	5	第5层	3	12	1	120		
☐	4	第4层	3	9	1	120		
☐	3	第3层	3	6	1	120		
☐	2	第2层	3	3	1	120		
☑	1	首层	3	0	1	120		
☐	0	基础层	3	-3	1	500		

图 5.5　楼层设置

4. 定位

楼层设置完成后，单击“定位”，有两种操作方法。

(1)单击“定位”→“交点”：单击选择第一条参考线，再选择第二条参考线，定位完成。

(2)单击“定位”→“正交”：在绘图区单击选择定位点，同一个分割图框内只可以设置一个定位点，右击确认。

需要掌握的原则是定位点应选择每层都共有的点，如图 5.6 所示。

5. 图纸分割

单击“手动分割”→左键框选要拆分的 CAD 图，右击确认→弹出“请输入图纸名称”对话框，如图 5.7 所示→识别图名、选择楼层、单击确定→图纸分割完毕。

(二)BIM 算量软件基本功能

1. 消火栓或消防设备识别

单击导航栏中的“消火栓”或“消防设备”，在“建模”菜单栏下“识别消火栓或消防设备”工具中，单击“消火栓”或“设备提量”→左键框选图例和标识，点击确认→弹出“识别消火栓”对话框，如图 5.18 所示→单击“要识别成的消火栓”，填写右侧图设备的属性→单击“确认”按钮→构件识别成功。

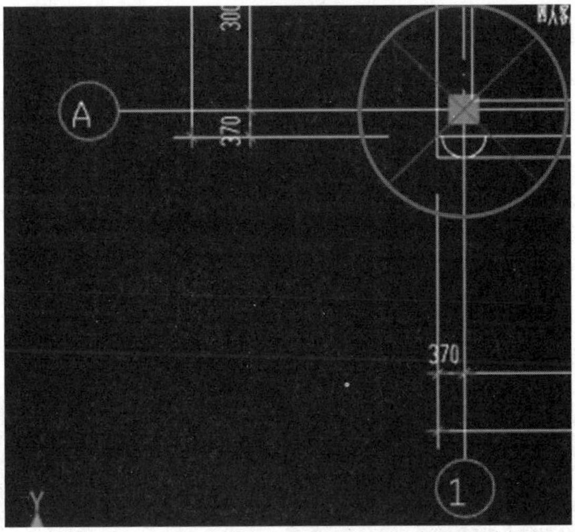

图 5.6　定位

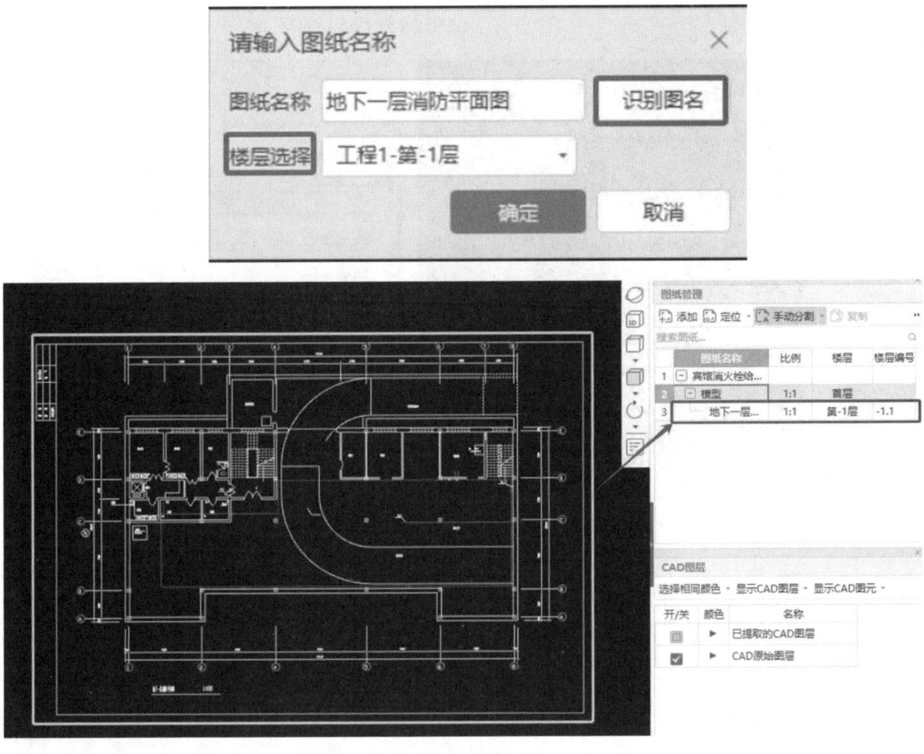

图 5.7　图纸分割

2. 消防管道识别

单击导航栏中“管道”，在“建模”菜单栏下“绘图”或“识别管道”工具中，单击“消火栓管道提量”→弹出“选择消火栓系统”对话框，如图 5.9 所示→在编辑界面选中构件后，单击“自动识别”→弹出“消火栓管道提量”对话框→填写“水平管”和“立管”参数后，单击“生成全部”→消火栓管道构件识别成功。

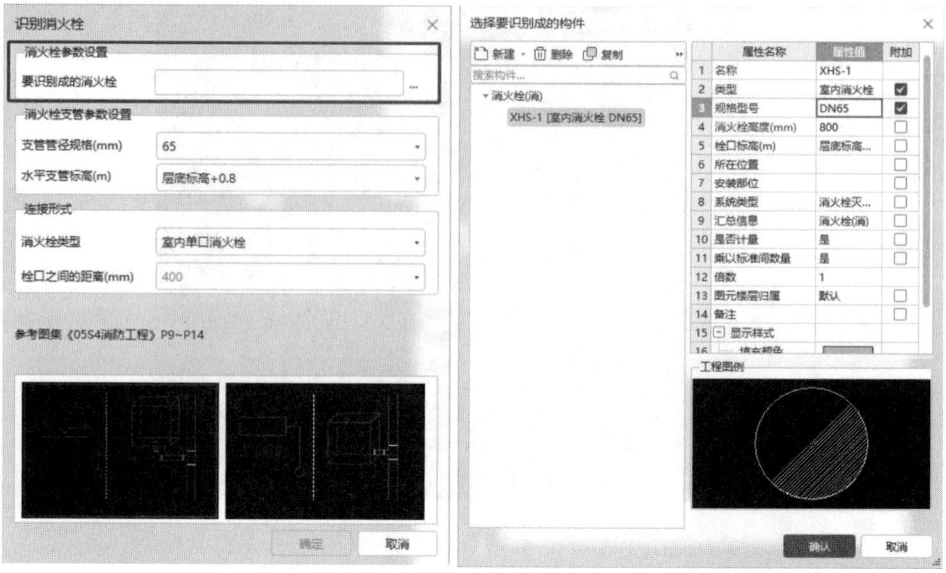

图 5.8　设备构件编辑窗口

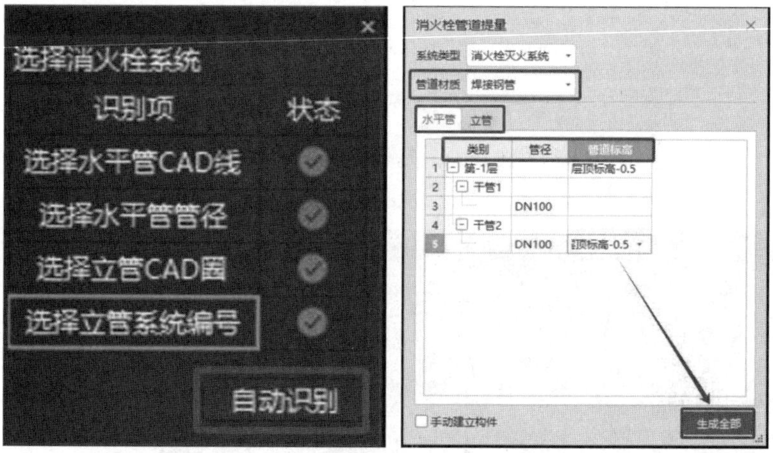

图 5.9　消火栓管道构件编辑窗口

3. 喷头识别

单击导航栏中“喷头”，在“建模”菜单栏下“识别喷头”工具中，单击“设备提量”→左键框选图例和标识，右击确认→弹出“选择要识别成的构件”对话框，如图 5.10 所示→填写右侧图设备的属性→单击“确认”按钮→构件识别成功。

4. 阀门法兰及管道附件识别

在消防工程中，管道附件包括水流指示器、报警装置、压力表、倒流防止器等。单击导航栏中“阀门法兰”或“管道附件”，在“建模”菜单栏下“绘图”或“识别阀门法兰或管道附件”工具中，单击“设备提量”或“点”进行识别，流程同喷头识别。

5. 套管识别

单击导航栏中“建筑结构”→在“建模”菜单栏下“绘图”或“识别墙”工具中，单击“自动识

图 5.10　喷头构件编辑窗口

别”→单击选择墙体边线，右击确认→墙体识别成功→单击左侧导航栏“零星构件”→单击“生成套管”→套管自动生成。

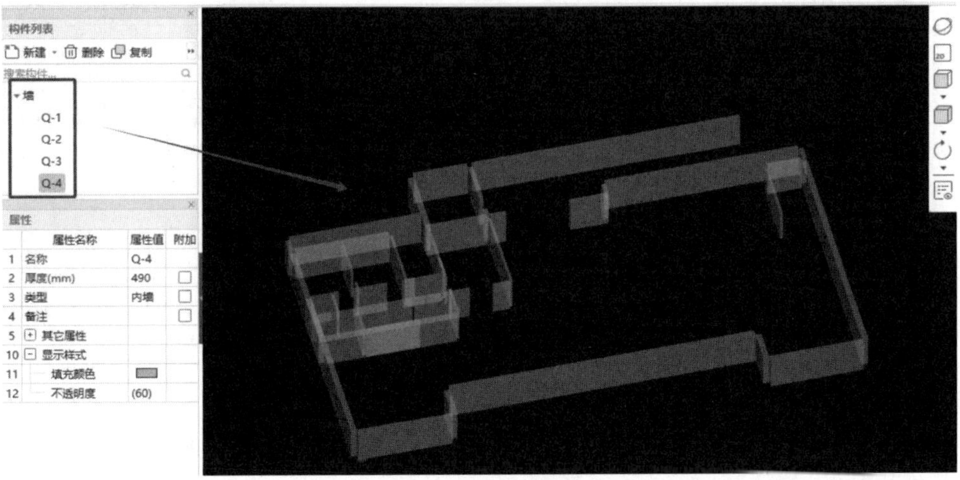

图 5.11　套管生成

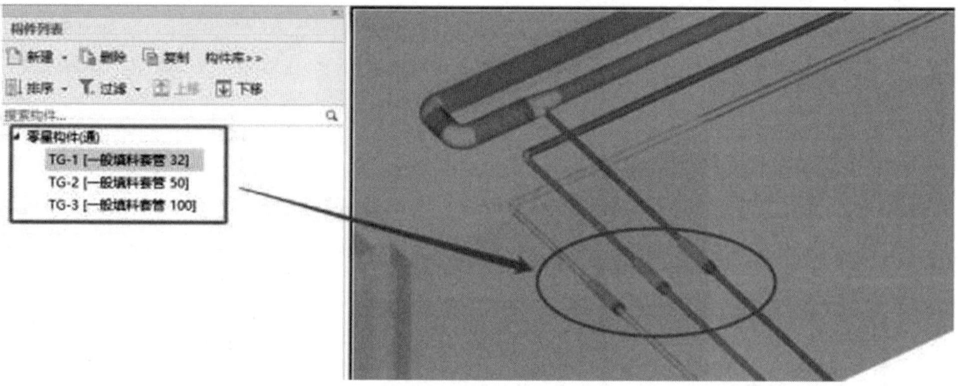

续图 5.11

6. 查看工程量

单击“工程量”菜单栏下“分类工程量”或“图元查量”进行工程量查看，如图 5.12 和图 5.13 所示。

	分类条件			工程量				
	名称	楼层	管径规格	长度(m)	内表面积(m2)	外表面积(m2)	保护层面积(m2)	支架数量(个)
1	JXGD-1	第3层	65	27.154	5.673	6.441	7.140	0.000
2			小计	27.154	5.673	6.441	7.140	0.000
3		第2层	65	4.743	0.991	1.125	1.247	0.000
4			小计	4.743	0.991	1.125	1.247	0.000
5		首层	65	5.902	1.233	1.400	1.552	0.000
6			小计	5.902	1.233	1.400	1.552	0.000
7		小计		37.799	7.897	8.966	9.939	0.000
8	镀锌钢管DN100	第2层	DN100	1.100	0.366	0.394	0.422	0.000
9			小计	1.100	0.366	0.394	0.422	0.000
10		首层	DN100	6.400	2.131	2.292	2.457	1.000
11			小计	6.400	2.131	2.292	2.457	1.000
12		第-1层	DN100	123.212	41.031	44.127	47.301	22.000
13			小计	123.212	41.031	44.127	47.301	22.000
14		小计		130.712	43.528	46.813	50.180	23.000
15	镀锌钢管DN150	第3层	DN150	23.086	11.314	11.967	12.562	3.000
16			小计	23.086	11.314	11.967	12.562	3.000
17		小计		23.086	11.314	11.967	12.562	3.000
18	总计			191.597	62.739	67.746	72.681	26.000

图 5.12　分类工程量查看

7. 套做法

单击“工程量”菜单栏下“套做法”→单击“自动套用清单”→单击“匹配项目特征”→清单自动匹配成功，如图 5.14 所示。

8. 查看报表

在报表预览界面可以分门别类地进行查看工程量，如消防专业的管道、设备、管件、刷油保温等。在“工程量”菜单栏下单击“查看报表”→预览报表→导出数据，如图 5.15 所示。

9. 报表设置器

如图 5.16 所示，单击报表预览界面的“报表设置器”→弹出“报表设置器”对话框→设置“分类条件”“级别”→单击确认。

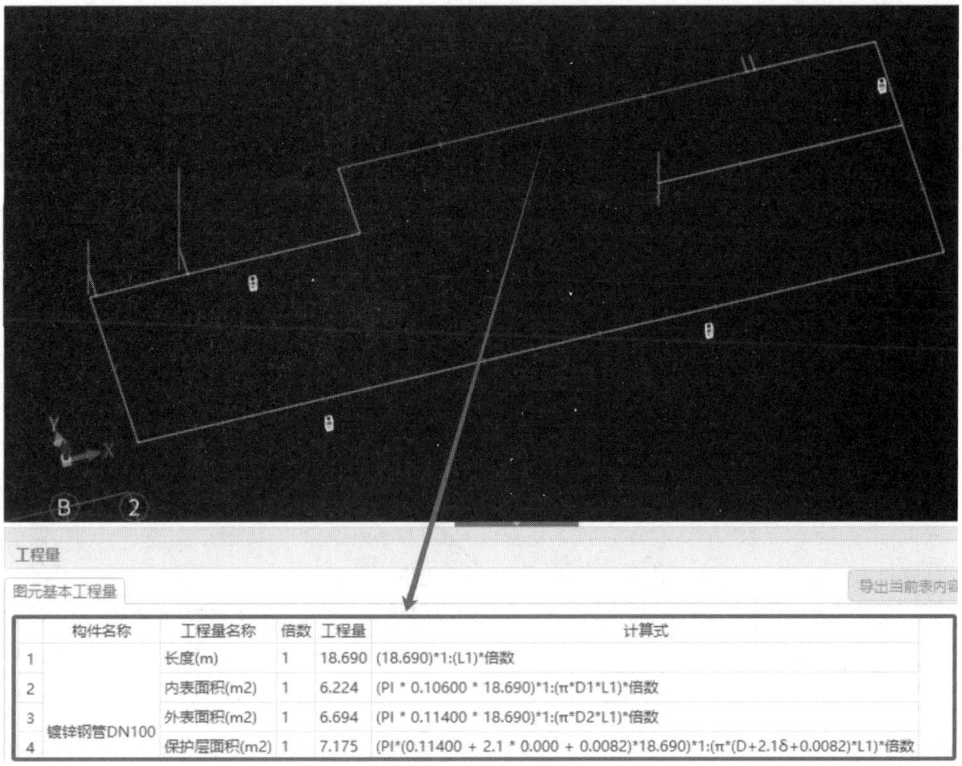

图 5.13　图元查量

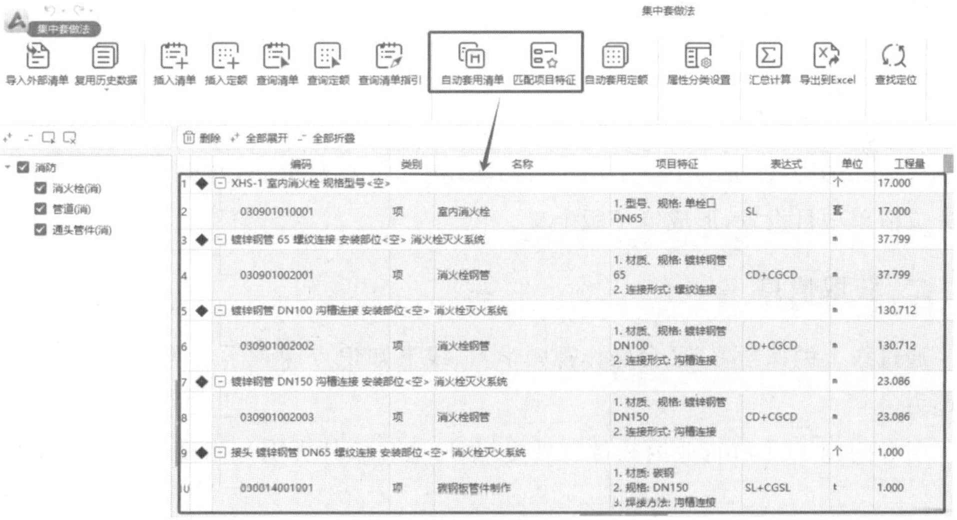

图 5.14　自动套用清单

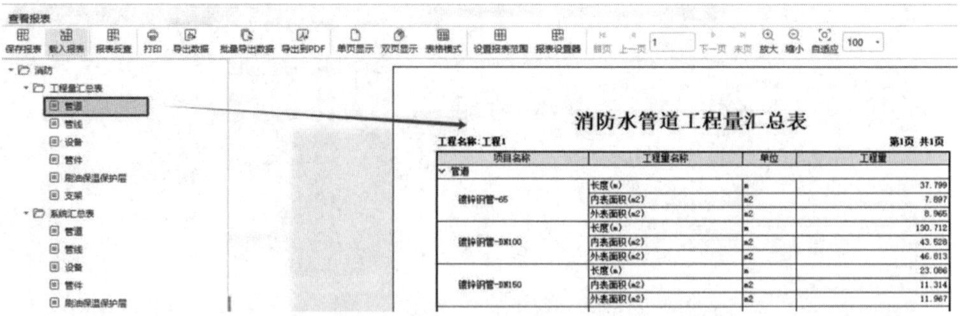

图 5.15　报表预览

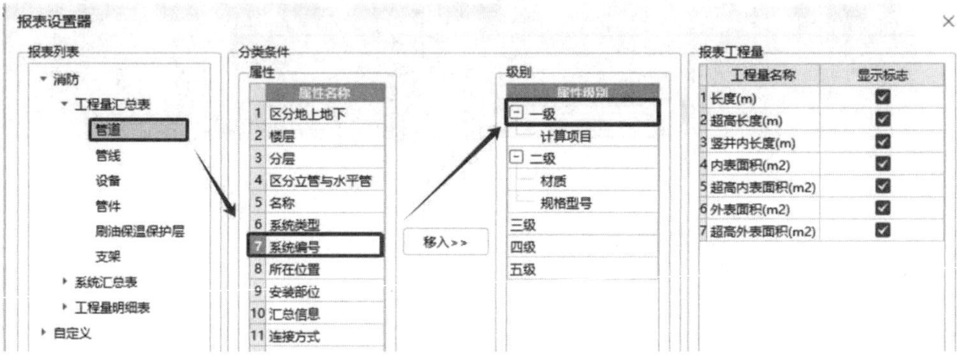

图 5.16　报表设置器

学生工作页

一、任务书

扫描二维码，任选其中一个项目进行 BIM 算量模型建立，并完成报表导出和利用套做法完成清单项目设置，形成电子版上交。

二、获取信息

通过线上微课学习、平台操作视频学习、线下知识点课堂学习等获取信息，提升自主学习能力。

引导问题 1：了解行业内软件发展史，如何区分软件类别与用途？

引导问题 2：掌握软件的操作流程及操作方法，如何培养运用数字造价解决工程实际问题意识与能力？

三、工作计划

整理、总结获取的资讯，制定消防工程 BIM 算量软件应用工作方案，包括前期准备资料整理，后期严格按照工作步骤执行工作任务。完成表 5.1。

表 5.1　消防工程 BIM 算量软件应用工作方案

步骤	工作内容	完成时长/min
总结修正		

四、工作实施

实施步骤 1：进入 BIM 安装算量软件界面，做好 BIM 模型建立的前期准备工作。

实施步骤 2：工程量汇总计算，运用分类查看工程量、图元查量等功能进行工程量自查，并将问题列于下方；运用查看报表、报表预览、报表输出等功能正确输出工程量报表，并以电子版形式上交。

实施步骤3：严格遵守清单规则，运用软件中的套做法、自动套用清单、匹配项目特征等功能进行清单设置，并将清单设置过程中出现的问题及解决问题的方法记录在下面，修改完善后的工程量清单列表并以电子版形式上交。

五、评价反馈

完成学生自我评估与组内成员互评、教师评价，如表5.2和表5.3所示。

表5.2 学生自我评估与组内成员互评表

<table>
<tr><td colspan="2">任务名称</td><td colspan="5"></td><td>班级</td><td colspan="2"></td></tr>
<tr><td colspan="2">组别</td><td colspan="2"></td><td>角色</td><td colspan="2"></td><td>受评者</td><td colspan="2"></td></tr>
<tr><td rowspan="2">序号</td><td rowspan="2" colspan="2">评估项目</td><td rowspan="2">分值</td><td rowspan="2">自我评定</td><td colspan="5">组内评定</td></tr>
<tr><td>组员1</td><td>组员2</td><td>组员3</td><td>组员4</td><td>组员5</td></tr>
<tr><td>1</td><td colspan="2">是否按时按要求完成任务</td><td>10</td><td></td><td></td><td></td><td></td><td></td><td></td></tr>
<tr><td>2</td><td colspan="2">BIM算量软件的发展历程及架构是否了解</td><td>20</td><td></td><td></td><td></td><td></td><td></td><td></td></tr>
</table>

续表5.2

任务名称						班级		
3	是否掌握 BIM 算量软件的建模功能	30						
4	是否能熟练运用 BIM 算量软件进行工程量计算	30						
5	接收信息技术的敏锐度	10						
评价得分								
				互评平均得分：				

自我评价：	
非常满意	
满意	
不满意	

总结与反思：

表 5.3 教师评价表

任务名称			班级	
组别		角色	实训者	
序号	评价指标		分值	考核评定
1	BIM 算量软件的初步认识	对 BIM 算量软件的认识程度	10	
2	BIM 算量软件的操作流程和算量思路	对 BIM 算量软件的操作流程是否明晰，算量思路是否清晰	20	
3	BIM 算量软件的基本功能	是否掌握 BIM 算量软件的基本操作功能，是否能熟练运用软件建模及算量	40	
4	工作中存在的实际问题	在遇到问题时分析解决问题能力是否具备	20	
5	工作态度	是否认真严谨、一丝不苟	10	
得分				

续表5.3

任务名称		班级	
存在问题分析： 指导教师：　　评价时间：			

任务2　消防给水工程计价软件应用

学习目标

1. 掌握计价软件的功能与操作方法；
2. 具备工程数字造价应用能力。

素质目标

1. 培养现代信息素养；
2. 建立数字化意识。

学习要点

1. 熟练运用计价软件进行工程量清单编制，并能正确生成电子招标书；
2. 掌握利用计价软件进行分部分项组价、措施项目组价、其他项目组价；
3. 会利用计价软件设置单价构成各要素参数、设置安装费用，并能正确生成电子投标书。

知识点链接

一、计价软件操作流程

本任务以广联达云计价平台GCCP6.0为例对计价软件进行介绍。GCCP6.0可以从招标人与投标人两个角度出发进行操作。

(1)招标阶段招标人操作软件的流程如图 5.17 所示。

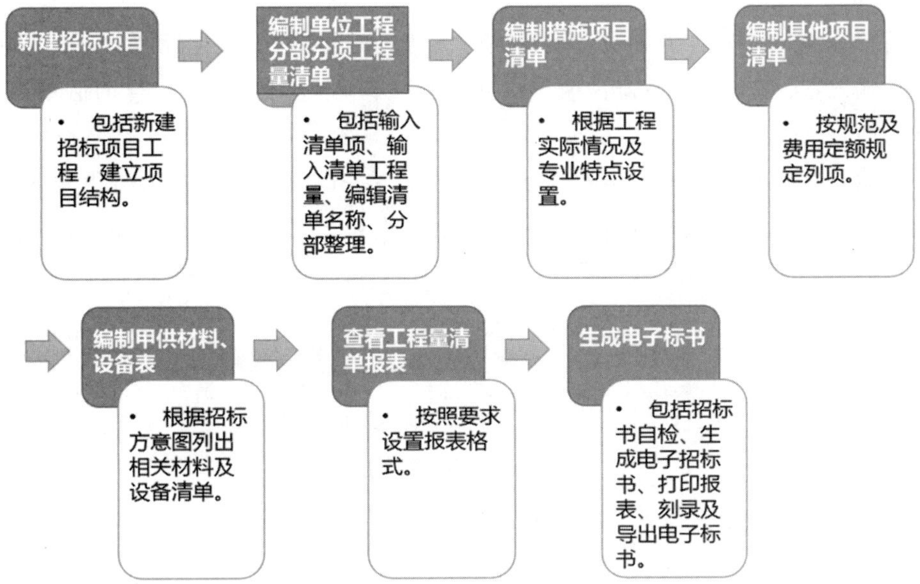

图 5.17 招标阶段 GCCP6.0 软件操作流程

(2)投标阶段投标人操作软件的流程如图 5.18 所示。

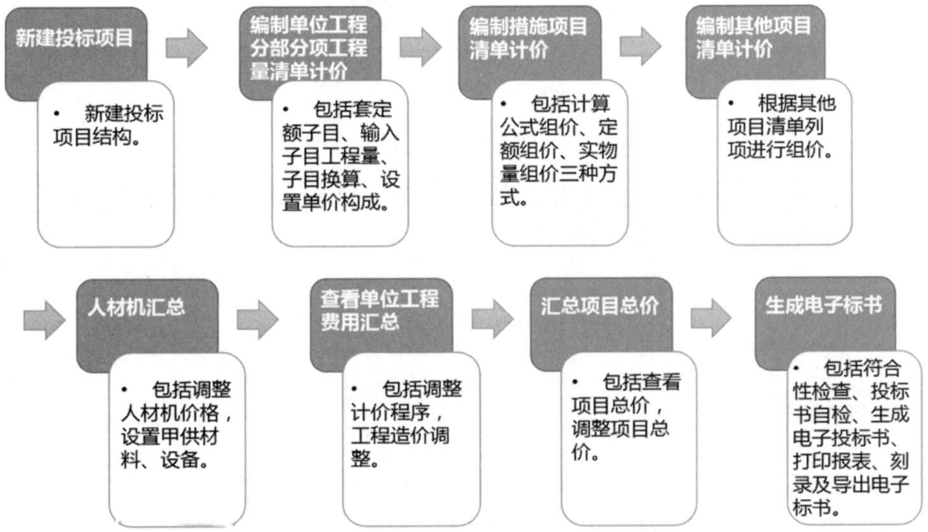

图 5.18 投标阶段 GCCP6.0 软件操作流程

二、GCCP6.0 的功能与应用

(一)工程量清单编制

1.分部分项工程项目清单编制

GCCP6.0 可以通过两种途径将分部分项工程量清单在编辑界面呈现：一种是直接导

入，如图 5.19 所示；另一种是手动编制，具体操作如下。

(1)清单编码输入。

清单编码输入有 4 种方式：①直接在“编码列”手动输入或选择“添加”→“添加清单项”，再手动输入；②查询输入，右击，或单击“查询”按钮，选择“查询”→“查询清单”，弹出清单查询主界面，双击选中的清单项，如图 5.20 所示；③格式输入，在空行的编码列输入“3－9－1－10”后按“Enter”键，即可输入 030901010001 室内消火栓清单；④简化输入，如果只输入两位编码 1－10，软件会自动保留前一条清单的前两位编码 3－9，即可输入室内消火栓清单。

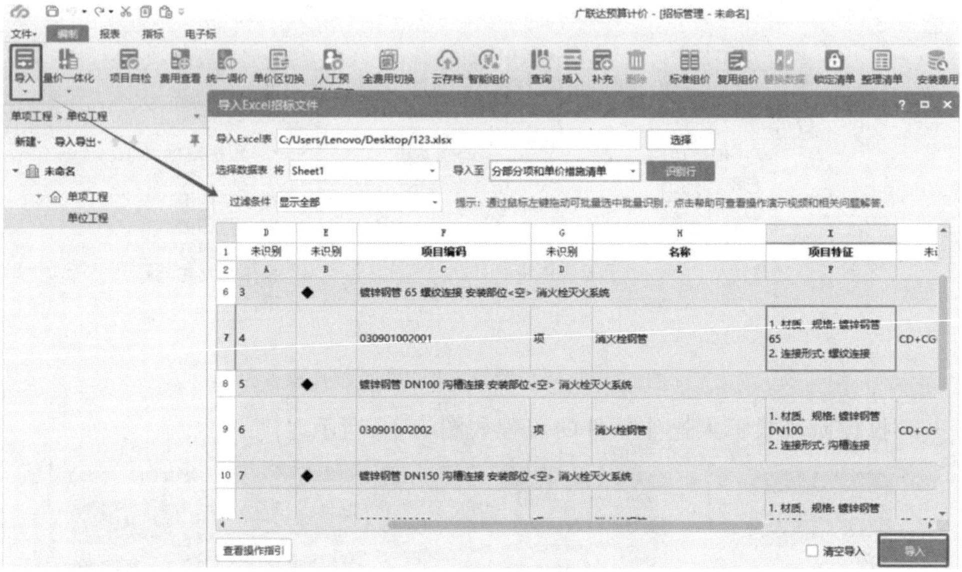

图 5.19　分部分项工程量清单直接导入

图 5.20　查询输入

(2)清单工程量输入。

清单工程量输入有 3 种方式：①直接输入，在“工程量”列直接手动输入清单项的数量；②工程量表达式，单击“工程量表达式”列右侧的按钮，弹出“编辑工程量表达式”对话框，如图 5.21 所示；③图元公式输入，单击“工具”→“图元公式”，弹出“图元公式”对话框，选择相应图元，在参数中输入相应数据，如图 5.22 所示。

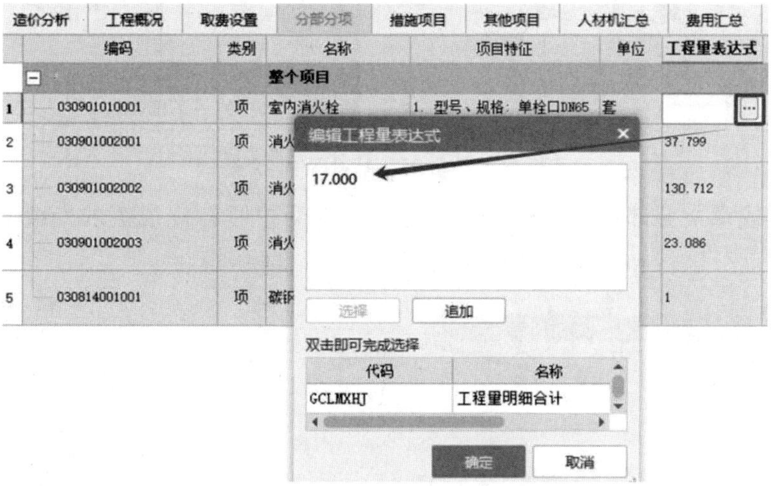

图 5.21　工程量表达式输入

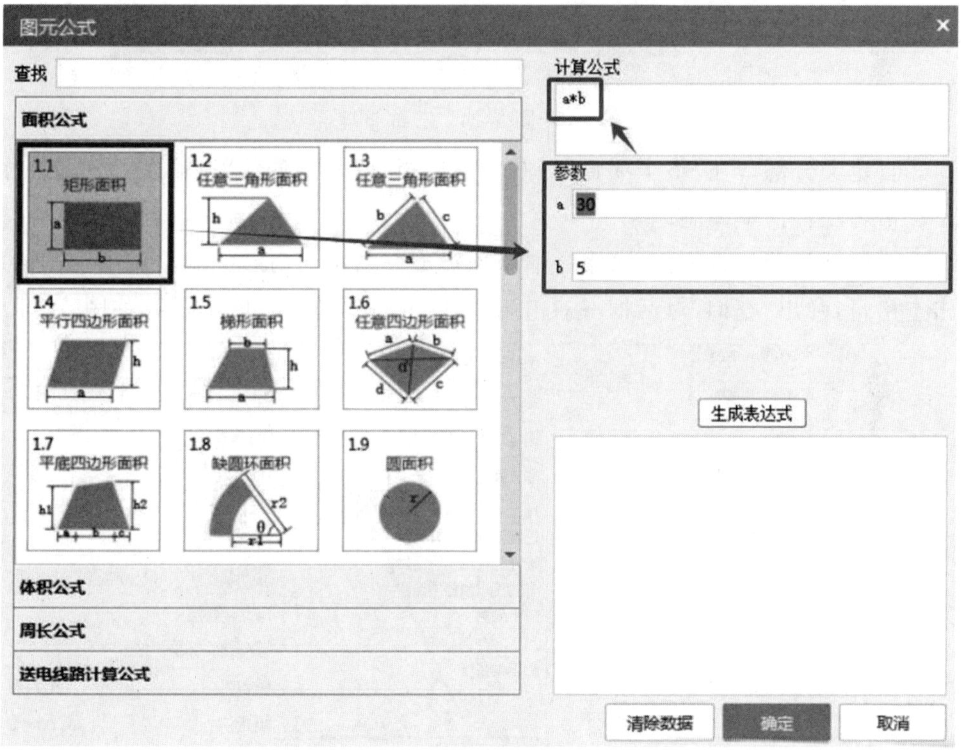

图 5.22　图元公式输入

(3)项目特征及内容输入

单击“项目特征”→单击“特征及内容”→单击“特征值”单元格，按特征指导填入相应特征，如图 5.23 所示。

(4)分部整理。

①专业、章节定义分部。单击“整理清单”→“分部整理”→弹出“分部整理”对话框，勾选

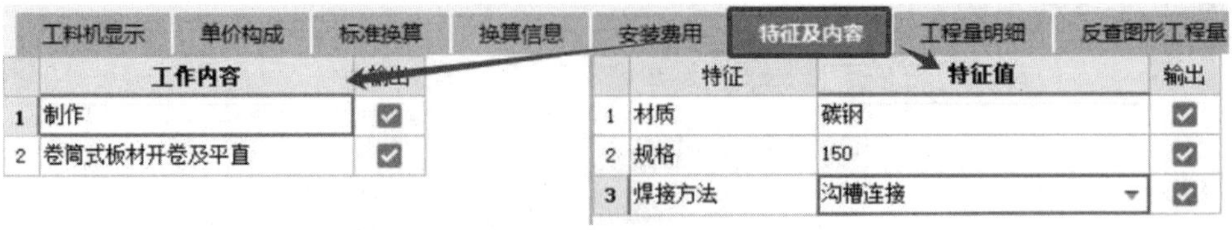

图 5.23　特征及内容输入

“需要专业或章节分部标题”→单击“确定”，软件会按照计价规范的专业或章节编排增加分部行，并建立分部行和清单行的归属关系，如图 5.24 所示。

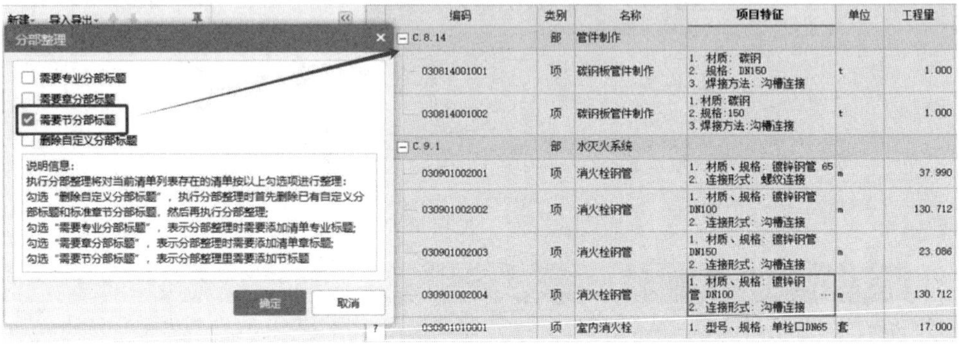

图 5.24　分部整理

②自定义分部。在“整个项目”行右击→选择“插入子分部”→输入子分部名称。

2.措施项目清单编制

在措施项目费编辑界面，选中一措施项类型→右击，选择“插入措施项”或“插入子项”→双击空格行，弹出“查询”对话框→双击要选择的措施项即可插入子项，如图 5.25 所示。

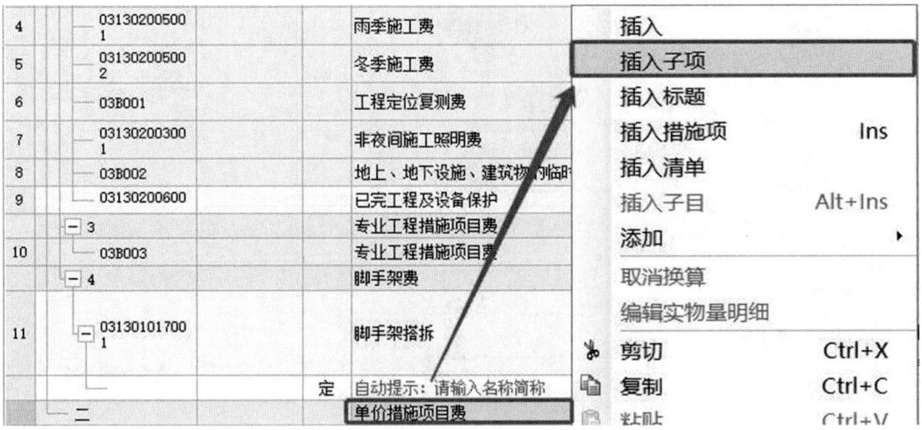

图 5.25　插入子项

3. 其他项目清单编制

(1)暂列金额。

单击“暂列金额”出现编辑界面,输入特征及参数,如图 5.26 所示。

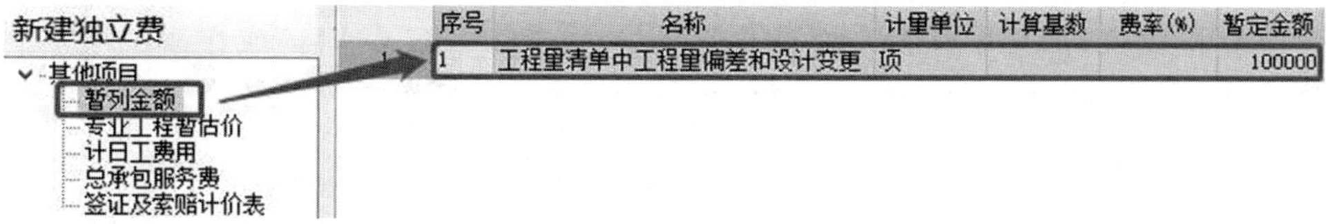

图 5.26　暂列金额

(2)专业工程暂估价。

单击“专业工程暂估价”出现编辑界面,输入特征及参数,如图 5.27 所示。

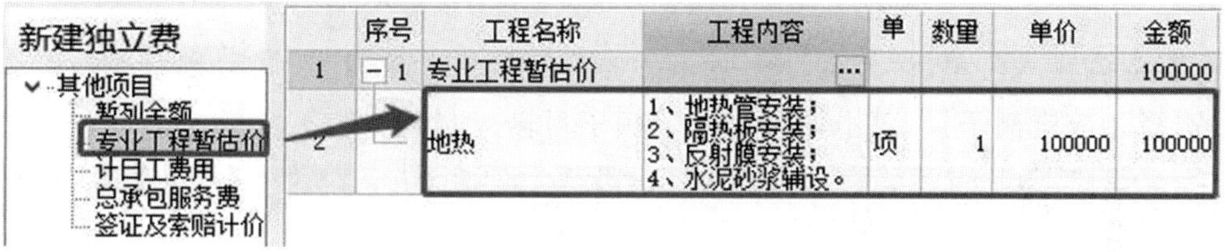

图 5.27　专业工程暂估价

(3)计日工。

单击“计日工”出现编辑界面,输入参数,如图 5.28 所示。

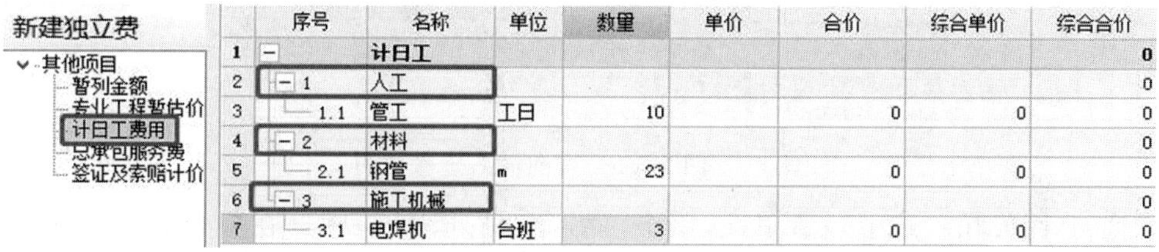

图 5.28　计日工

(4)总承包服务费。

单击“总承包服务费”出现编辑界面,选择“发包人供应材料”→“分部分项”→“分部分项材料费”,如图 5.29 所示。

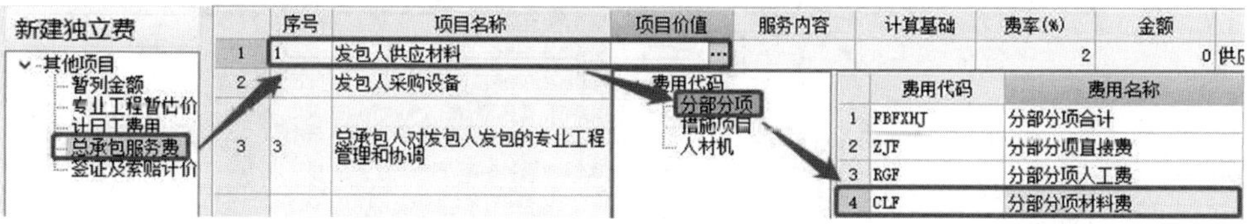

图 5.29　总承包服务费

(二)清单组价

1. 分部分项组价

(1)套定额组价。

①直接输入,即选中任意一个清单项→右击,选择“插入子目”或在清单项下的空行编码列直接输入定额编号,例如图 5.30 所示。

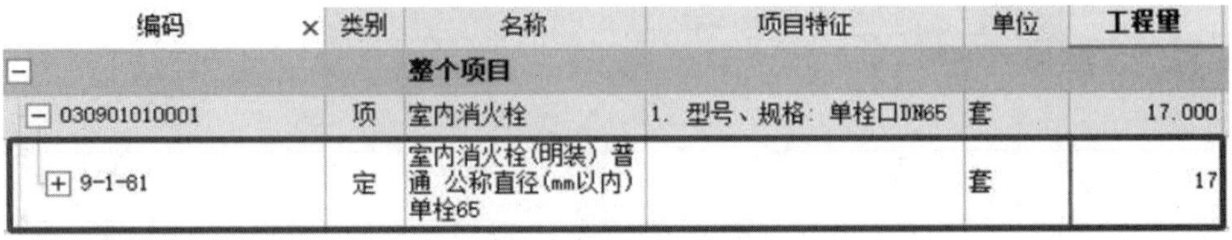

图 5.30 定额子目直接输入

②查询输入。单击“查询”→“查询定额”或右击并选择“查询定额”→弹出“查询”对话框,选择相应定额子目,双击即可完成定额子目输入,如图 5.31 所示。

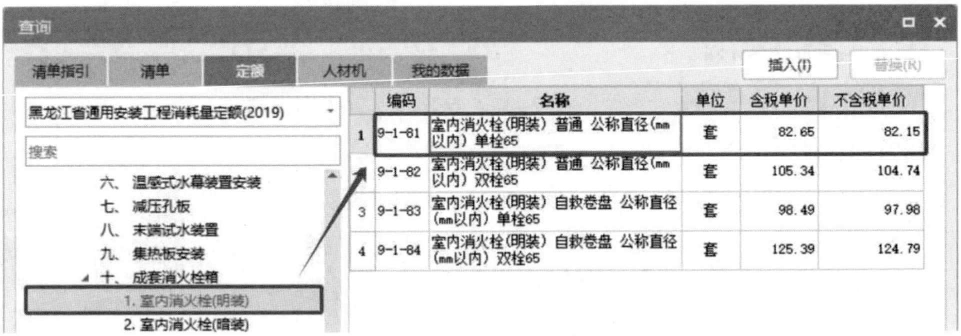

图 5.31 查询输入定额子目

③子目关联。选中一清单项,单击“插入”→“插入子目”→在空行的编码列输入定额编号,软件会进入子目关联界面→选中关联项,单击“确定”,如图 5.32 所示。

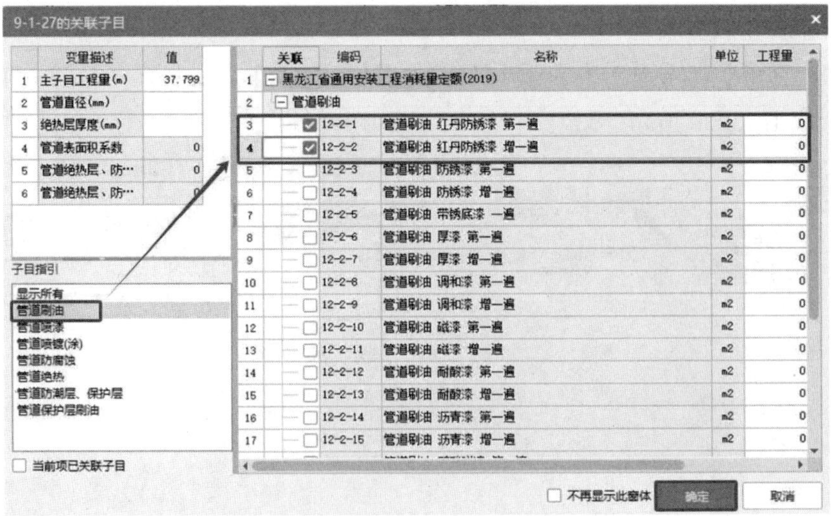

图 5.32 关联子目界面

④补充子目。选中一清单项，右击选择“补充”→选择“补充子目”→弹出“补充子目”对话框，手动填入相关参数→单击“确定”，如图5.33所示。

图5.33　补充子目

(2)换算。

①系数换算。子目乘系数的格式为

定额编码+“空格”+＊系数

定额编码+“空格”+代码＊系数

注：代码用名称的拼音首字母表示，如人工－R，材料－C，机械－J。

具体操作如下。

选中要换算的定额子目，如室内消火栓安装换算的输入格式为9－1－61空格＊1.1，如图5.34所示。

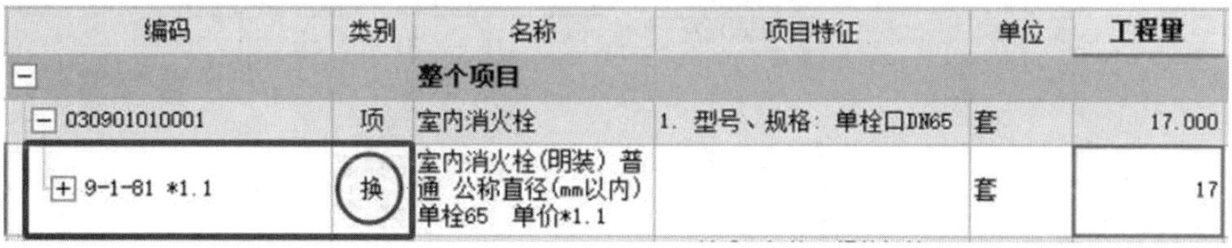

图5.34　子目系数换算

②批量换算。选中定额子目，在“标准换算”中修改各要素系数，如图5.35所示。

③插入或替换。选中定额子目→单击“工料机显示”→选中要插入或替换的材料或机械→右击，选择“查询人材机库”→弹出“查询”对话框→搜索要插入或替换的材料或机械→单击“插入”或“替换”，如图5.36所示。

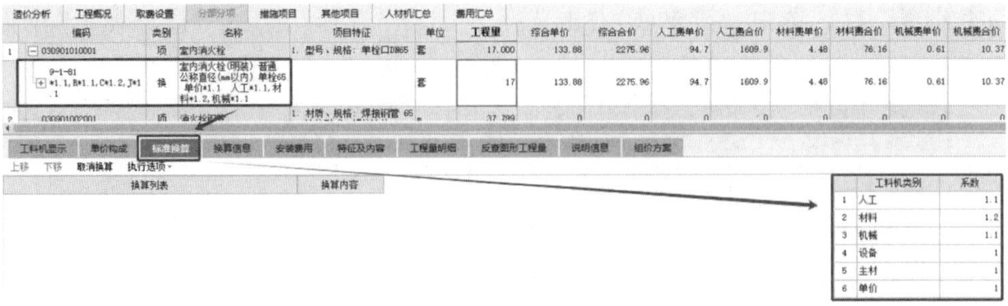

图 5.35　批量换算

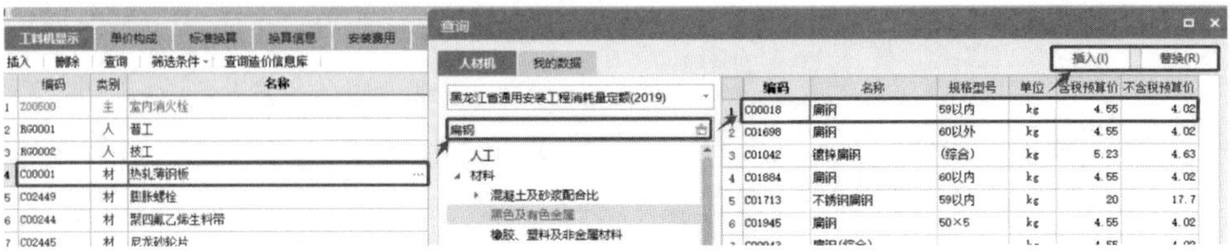

图 5.36　插入或替换

(3)设置单价构成。

单击“单价构成”→弹出“单价构成”对话框,设置费率,如图 5.37 所示。

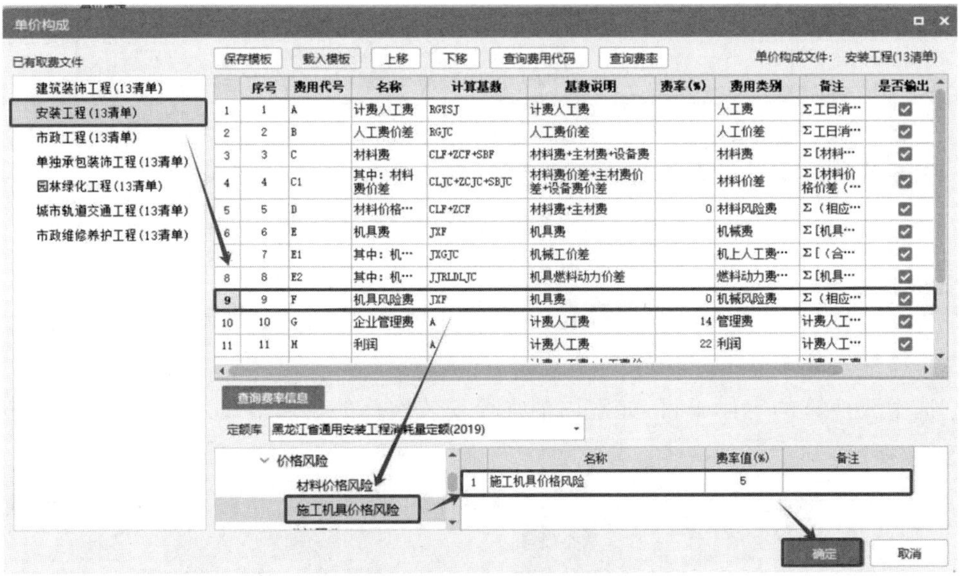

图 5.37　设置单价构成

(4)设置安装费用。

①逐条设置安装费用。选中一定额子目,单击“安装费用”→选择费用名称,单击“规则说明”的下拉三角进行选择→单击“重新生成安装子目”,如图 5.38 所示。

②统一设置安装费用。单击“安装费用”→弹出“统一设置安装费用”对话框→选择计算规则→单击“确定”,如图 5.39 所示。

图 5.38 逐条设置安装费用

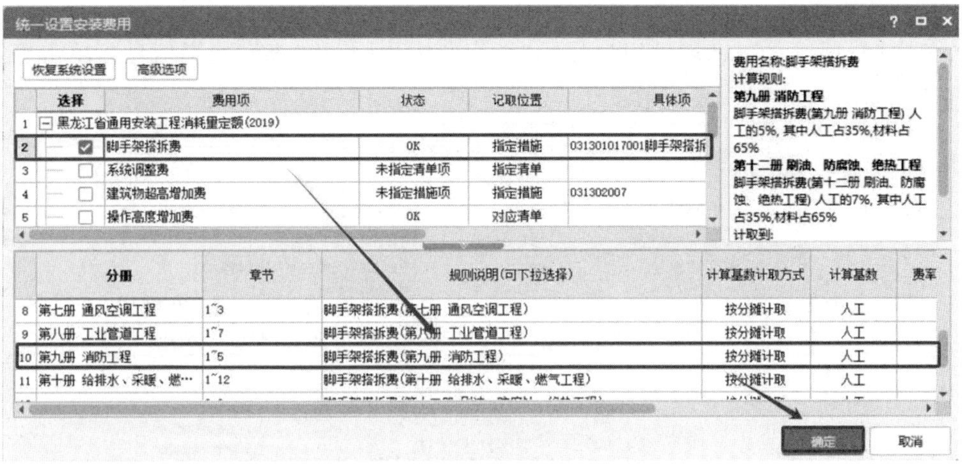

图 5.39 批量设置子目安装费用

2.措施项目组价

(1)计算公式组价方式,选中一措施项目,单击“计算基数”列右侧的倒三角,选择相应费用代码→再点击“费率”后面的倒三角,选择相应费率即可。

(2)可计量清单组价方式,选中一单价措施项目,右击选择“插入子目”→在出现的空格行进行定额子目套用,组价方法同分部分项清单组价同。

3.其他项目组价

(1)暂列金额,按照招标文件条款的要求填报。

(2)专业工程暂估价,按照招标文件条款的要求填报。

(3)计日工,单击“计日工”→在“单价”列投标人自主报价,如图 5.40 所示。

	序号	名称	单位	数量	单价
1	−	计日工			
2	−1	人工			
3	1.1	管工	工日	10	150
4	−2	材料			
5	2.1	钢管	m	23	23.5
6	−3	施工机械			
7	3.1	电焊机	台班	3	35

图 5.40 计日工报价

(4)总承包服务费,单击“总承包服务费”→选中计费项目名称,在“项目价值”列单击右侧的倒三角→选择“费用代码”,软件会自动计算,如图 5.41 所示。

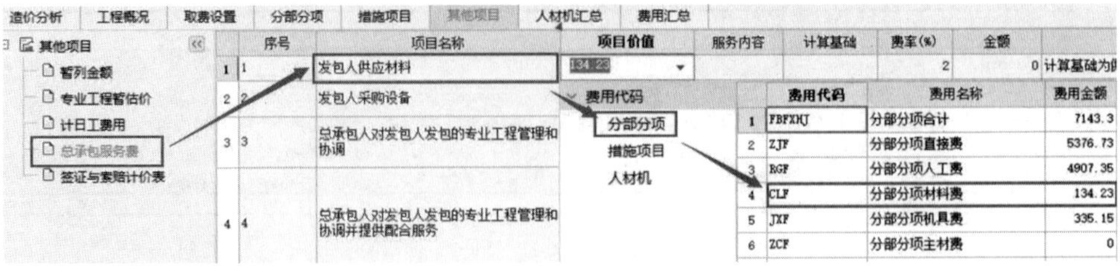

图 5.41　总承包服务费报价

4. 费用汇总

单击“费用汇总”,在属性窗口显示“查询费用代码”和“查询费率信息”,单击确定费用计算基数和费率,如图 5.42 所示。

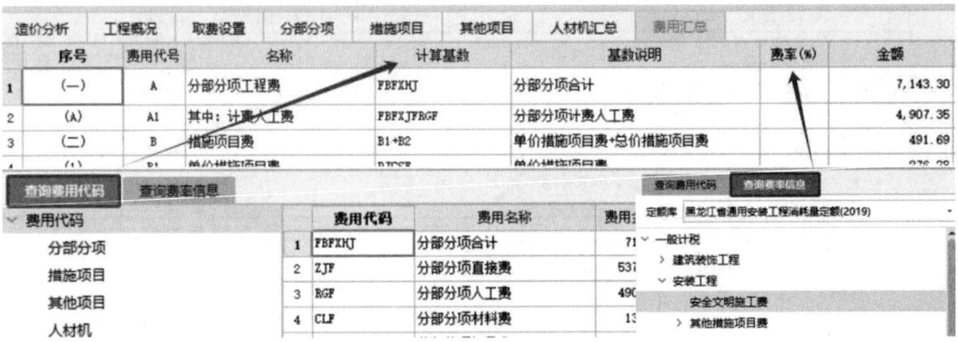

图 5.42　费用汇总

5. 报表

单击“报表”,软件会进入报表界面,例如选择报表类别为“投标方”,选中需要查看的报表即可查看,如图 5.43 所示。

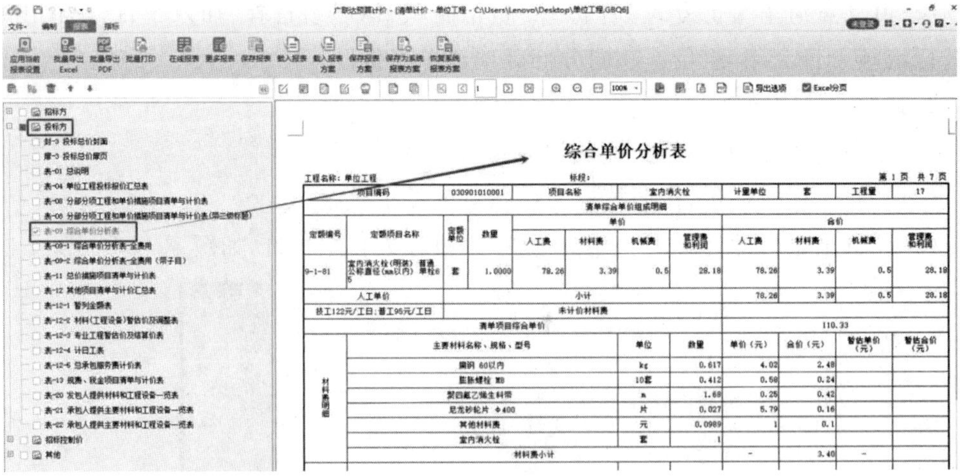

图 5.43　查看报表

单击“导出到 Excel 文件”,即可导出单张 Excel 表,在保存界面输入文件名,单击保

存；当单击“批量导出 Excel”时，弹出“批量导出 Excel”对话框，勾选需要导出的报表，单击“确定”，输入文件名后单击“保存”，如图 5.44 所示。

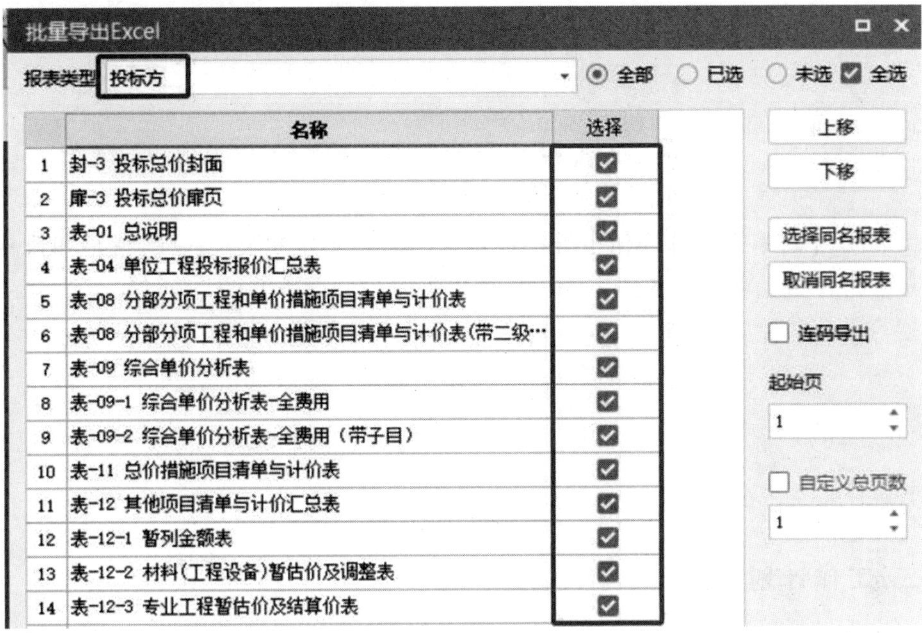

图 5.44　表格批量导出

学生工作页

一、任务书

在任务 1 工程量清单列表的基础上，运用广联达云计价平台 GCCP6.0，完成分部分项工程费用、措施项目费用、其他项目费用计算，并按照费用计算程序汇总工程造价，形成电子版表格导出上交。

二、获取信息

通过线上微课学习、平台操作视频学习、线下知识点课堂学习等获取信息，提升自主学习能力。

引导问题 1：遵守定额规定，定额套用方法如何使用，组价构成包括哪些内容，如何正确进行综合单价组价？将组价过程中需注意的事项列于下方。

引导问题 2:措施项目费、其他项目费的计算方法及注意事项有哪些,如何汇总工程造价?将组价过程中需注意的问题记录下来。

拓展问题 1:掌握软件操作中组价各要素的系数换算方法及途径,材料和机械的替换和修改方法是什么?将本任务涉及的一一列出。

三、工作计划

整理、总结获取的资讯,制定消防给水工程计价软件应用工作方案,包括前期准备资料整理,后期严格按照工作步骤执行工作任务。完成表 5.4。

表 5.4　消防给水工程计价软件应用工作方案

步骤	工作内容	完成时长/min
总结修正		

四、工作实施

实施步骤 1:将从 BIM 算量软件导出的工程量清单列表导入计价软件中,将导入过程中应注意的事项和容易出现的问题总结记录在下面。

实施步骤2:针对导入的清单项,分析项目特征描述,重新计算定额量,套定额组综合单价,完成分部分项工程费用计算,将组价过程中出现的问题和解决的方法一一列出。

实施步骤3:运用软件完成措施项目费、其他项目费计算,并进行自查调整,最终汇总造价,将计算工程造价过程中出现的问题及解决问题的方法记录在下面。

实施步骤4:认真检查,修改完善,并归纳整理形成投标报价书,按下列表格顺序以电子版形式上交。

(1)投标总价封面。

(2)总说明。

(3)单位工程投标报价汇总表。

(4)分部分项工程和单价措施项目清单与计价表。

(5)综合单价分析表。

(6)总价措施项目清单与计价表。

(7)其他项目清单与计价汇总表。

(8)暂列金额表。

(9)材料(工程设备)暂估价及调整表。

(10)专业工程暂估价及结算价表。

(11)计日工表。

(12)总承包服务费计价表。

(13)规费、税金项目清单与计价表。

(14)发包人提供材料和工程设备一览表。

(15)承包人提供材料和工程设备一览表。

五、评价反馈

完成学生自我评估与组内成员互评、教师评价，如表 5.5 和表 5.6 所示。

表 5.5　学生自我评估与组内成员互评表

<table>
<tr><td>任务名称</td><td colspan="5"></td><td>班级</td><td colspan="2"></td></tr>
<tr><td>组别</td><td></td><td>角色</td><td colspan="3"></td><td>受评者</td><td colspan="2"></td></tr>
<tr><td rowspan="2">序号</td><td rowspan="2">评估项目</td><td rowspan="2">分值</td><td rowspan="2">自我评定</td><td colspan="5">组内评定</td></tr>
<tr><td>组员 1</td><td>组员 2</td><td>组员 3</td><td>组员 4</td><td>组员 5</td></tr>
<tr><td>1</td><td>是否按时按要求完成任务</td><td>10</td><td></td><td></td><td></td><td></td><td></td><td></td></tr>
<tr><td>2</td><td>计价软件中招标和投标的操作流程是否掌握</td><td>20</td><td></td><td></td><td></td><td></td><td></td><td></td></tr>
<tr><td>3</td><td>是否掌握计价软件的基本操作</td><td>30</td><td></td><td></td><td></td><td></td><td></td><td></td></tr>
<tr><td>4</td><td>是否能熟练运用计价软件进行工程造价汇总</td><td>30</td><td></td><td></td><td></td><td></td><td></td><td></td></tr>
<tr><td>5</td><td>是否建立工程数字造价思维</td><td>10</td><td></td><td></td><td></td><td></td><td></td><td></td></tr>
<tr><td colspan="3" rowspan="2">评价得分</td><td rowspan="2"></td><td></td><td></td><td></td><td></td><td></td></tr>
<tr><td colspan="5">互评平均得分：</td></tr>
<tr><td colspan="7" rowspan="3">自我评价：</td><td>非常满意</td><td></td></tr>
<tr><td>满意</td><td></td></tr>
<tr><td>不满意</td><td></td></tr>
<tr><td colspan="9">总结与反思：</td></tr>
</table>

表 5.6 教师评价表

任务名称				班级	
组别		角色		实训者	
序号	评价指标			分值	考核评定
1	软件操作流程	是否清楚计价软件中招标和投标的具体操作流程		10	
2	计价软件基本功能	计价软件的基本操作掌握的熟练程度		30	
3	软件运用	利用计价软件汇总工程造价的准确度		30	
4	工作中存在的实际问题	在遇到问题时分析解决问题能力是否具备		20	
5	工作态度	是否认真严谨、一丝不苟		10	
得分					

存在问题分析：

指导教师：　　评价时间：

参 考 文 献

[1] 石淼.安装工程计量与计价[M].北京:化学工业出版社,2020.

[2] 全国造价工程师职业资格考试培训教材编审委员会.建设工程造价管理基础知识[M].北京:中国计划出版社,2021.

[3] 李若冰,陆媛,闫峰,等.建设工程计量与计价实务(安装工程)[M].哈尔滨:哈尔滨工业大学出版社,2022.

[4] 马楠.工程造价管理[M].2版.北京:人民交通出版社,2014.

[5] 李海凌,卢永琴.安装工程计量与计价[M].2版.北京:机械工业出版社,2017.

[6] 吴心伦.安装工程造价[M].8版.重庆:重庆大学出版社,2018.

[7] 冯钢.安装工程计量与计价[M].北京:北京大学出版社,2018.

[8] 冯钢,景巧玲.安装工程计量与计价[M].北京:北京大学出版社,2009.

[9] 温艳芳.安装工程计量与计价实务[M].北京:化学工业出版社,2018.

[10] 丛培经.工程项目管理[M].5版.北京:中国建筑工业出版社,2017.

[11] 全国监理工程师执业资格考试试题分析小组.建设工程合同管理[M].北京:机械工业出版社,2012.

[12] 中华人民共和国住房和城乡建设部.建设工程工程量清单计价规范:GB 50500—2013[S].北京:中国计划出版社,2013.

[13] 中华人民共和国住房和城乡建设部.通用安装工程工程量计算规范:GB 50856—2013[S].北京:中国计划出版社,2013.

[14] 张国栋.消防工程造价实例一本通[M].北京:机械工业出版社,2011.

[15] 李绍军.火灾自动报警系统[M].北京:电子工业出版社,2014.

[16] 陈建国,高显义.工程计量与造价管理[M].上海:同济大学出版社,2017.

[17] 陈伟明,杨建民等.消防安全技术实务[M].北京:机械工业出版社,2016.

[18] 李永康,马国祝.消防安全技术实务[M].北京:机械工业出版社,2016.

[19] 代端明.建筑水电安装工程识图与算量[M].重庆:重庆大学出版社,2016.

[20] 白建国,张奎.给水排水管道工程技术[M].北京:中国建筑工业出版社,2016.

[21] 闫玉民,许明丽.建筑水暖电安装工程计量与计价[M].武汉:华中科技大学出版社,2015.

[22] 黑龙江省住房和城乡建设厅.关于印发二〇一五年建筑安装等工程结算指导意见的通知:黑建造价[2015]1号[A/OL].(2015-11-02)[2024-12-30].https://zfcxjst.

hlj. gov. cn/zfcxjst/c114937/201511/c00_31450647. shtml.

[23] 中华人民共和国发展和改革委员会. 关于黑龙江省建筑业营业税改征增值税调整建设工程计价依据和招投标有关事项的通知：黑建造价〔2016〕2 号[A/OL]. (2018－01－17)[2024－12－30]. https://www. ndrc. gov. cn/xwdt/ztzl/gdqjcbzc/heilj/201801/t20180117_1209424. html.

[24] 广东省建设工程造谷管理总站，广东省工程造价协会. 建设工程计价应用与案例[M]. 北京：中国城市出版社，2015.